安标评审管理信息系统操作指南

主 编 冉 杰
副主编 陈 荣 杨勤佳
　　　 方章聪 李 江

同济大学出版社
TONGJI UNIVERSITY PRESS

内 容 提 要

　　本书是"安标评审管理信息系统"的操作学习用书。全书分为 4 章。第 1 章"基础介绍"概述企业自评子系统、评审机构子系统、管理部门子系统的特色与功能。第 2 章"企业自评"与第 3 章"评审与模拟评审"以安全生产标准化评定标准为主线,着重介绍安标创建企业和评审机构(以及集团企业安全主管部门)使用"安标评审管理信息系统"进行安全生产标准化自评和评审的操作流程和方法。第 4 章"安全监管信息统计"主要介绍各级安全监管部门使用管理部门子系统进行数据信息统计的操作方法。

　　本书适合安标创建企业、安标评审机构、集团企业安全主管部门和安全生产监督管理部门操作"安标评审管理信息系统"之用。

图书在版编目(CIP)数据

安标评审管理信息系统操作指南 / 冉杰主编.
--上海:同济大学出版社,2014.5
　ISBN 978-7-5608-5503-5

Ⅰ.①安… Ⅱ.①冉… Ⅲ.①安全标准—评定—管理信息系统 Ⅳ.①X9-39

中国版本图书馆 CIP 数据核字(2014)第 095131 号

安标评审管理信息系统操作指南

主 编 冉 杰　　副主编 陈 荣　杨勤佳　方章聪　李 江
责任编辑 李小敏　　策划编辑 吴凤萍　　责任校对 徐春莲　　封面设计 潘向蓁

出版发行　同济大学出版社　　　www.tongjipress.com.cn
　　　　　(地址:上海市四平路 1239 号 邮编:200092 电话:021-65985622)
经　销　全国各地新华书店
印　刷　常熟市大宏印刷有限公司
开　本　787 mm×1 092 mm　1/16
印　张　12.75
字　数　318 000
版　次　2014 年 5 月第 1 版　　2014 年 5 月第 1 次印刷
书　号　ISBN 978-7-5608-5503-5

定　价　35.00 元

编　委　会

前　言

 2010 年以来,国家安全生产监督管理总局按照国发〔2010〕23 号、国发〔2011〕40 号、国办发〔2011〕47 号等文件的要求,全力推进企业安全生产标准化建设,建立安全隐患排查治理体系,取得了显著成效。同时发现在安全生产标准化建设过程中,对于达标创建企业、评审机构、安全监督部门等建设主体来说,依然存在重复繁琐、效率质量不高、信息统计困难等现象,因此为了协助企业进行自我评定,提高评审机构现场评审效率和质量,便于各级安全监管部门的数据信息统计,我们组织设计开发了"安标评审管理信息系统"。

 本系统的用户包括参与安全生产标准化创建的企业、具有安全生产标准化评审资格的评审机构、参与组织管理安全生产标准化的监管部门。按照安全生产标准化工作的要求,本系统包括企业自评、评审机构、管理部门三个部分,其中管理部门包括了政府部门及集团公司的用户。

 本书共分为 4 章。第 1 章基础介绍,第 2,3,4 章分别针对不同的用户详细介绍了企业自评、评审机构以及管理部门三个子系统的操作程序和方法,以图文并茂的形式进行描述,便于理解和应用。

 本书在编写过程中得到了上海众材工程检测有限公司的全力支持,书中所有图片资料均来自于管理系统培训案例,且均由上海众材工程检测有限公司提供。

 由于编写人员水平有限,且时间仓促,书中难免会有不足之处,恳请读者批评指正,以便不断完善。此外,由于各省市对安全生产标准化建设的要求不尽相同,我们将根据需求进行更新和补充。

 邮箱:anbiaowang@163.com

 网址:www.anbiaowang.com

编　者

2014 年 3 月

目　录

第1章　基　础　介　绍

本章包括三个部分。第一部分介绍了"安标评审管理信息系统"的概况,该系统由三个子系统组成:企业自评子系统、评审机构子系统及管理部门子系统。其中企业自评和评审机构子系统中覆盖了目前已发布的安全生产标准化评定标准(基本规范及专业标准),用户根据企业性质选择相对应的评定标准。第二部分介绍了该系统在安全生产标准化建设过程中所能够提供的服务特点:简化流程,降低重复劳动,提高质量和效率,便于数据统计分析等。第三部分介绍了本系统基本功能的使用方法。

1.1　系统概述

自国家安全生产监督管理总局在全国范围内全面开展安全生产标准化建设活动以来,参与创建工作的各方,在创建中遇到了各种各样的问题,如创建整改完成情况与得分情况不能实时反映,评审输入信息准确性不足,评审数据计算重复繁琐易出错,评审报告出具不及时,安监部门无法实时了解辖区内企业的创建状态及各等级的分布状况,企业集团无法对下属企业的创建进度有效把控,自行开展内部评审工作缺乏高效的支持工具,等等。

基于与上述安全生产标准化建设主体(创建安全生产标准化的企业、评审机构、安全监管部门等)的长期沟通和协作,我们开发了以安标创建工作为中心的"安标评审管理信息系统"。该系统建设的目的就是要解决各方在安全生产标准化建设过程中遇到的各种信息层面的问题,将各方内部和之间的信息沟通难度降到最低,时刻保持达标创建工作高效、平稳、有序地向前推进。

安全生产标准化创建主要依据各自行业的评定标准,目前国家安全总局发布的评定标准包含工贸行业 31 个(基本规范及 30 个专业评定标准),危化行业 1 个。小企业安全生产标准化评定标准则由各省市自行制定发布。安标评审管理信息系统已将上述评定标准融入到系统中,并随着总局的陆续发布而不断补充,任何行业的用户均可应用系统进行安全生产标准化建设工作。系统中所包含的评定标准及适用企业类型见表 1-1。

表 1-1　　　　　　　　　　系统包含的评定标准及适用企业类型

行业性质	评定标准	适用范围
工贸	冶金等工贸企业安全生产标准化基本规范评分细则	冶金、有色、建材、机械、轻工、纺织、烟草、商贸等行业企业,冶金等工贸企业已有专业评定标准的,优先适用专业评定标准
冶金	冶金企业安全生产标准化评定标准(焦化)	钢铁联合企业中的焦化企业,独立的焦化企业可以参照执行
	冶金企业安全生产标准化评定标准(炼钢)	钢铁联合企业中的炼钢单元及独立炼钢生产企业

续表

行业性质	评定标准	适用范围
冶金	冶金企业安全生产标准化评定标准(炼铁)	钢铁联合企业中的炼铁单元及独立炼铁生产企业
	冶金企业安全生产标准化评定标准(煤气)	冶金企业中的煤气(含天然气),不包括炼铁、炼钢、轧钢、焦化、铁合金、烧结球团专业评定标准中涉及的范围
	冶金企业安全生产标准化评定标准(烧结球团)	钢铁联合企业中的烧结球团单元及独立烧结球团生产企业
	冶金企业安全生产标准化评定标准(铁合金)	铁合金企业
	冶金企业安全生产标准化评定标准(轧钢)	钢铁联合企业中的轧钢单元及独立轧钢生产企业
有色	氧化铝企业安全生产评定标准	联合企业中的氧化铝生产单元及独立氧化铝生产企业
	有色金属压力加工企业安全生产标准化评定标准	生产铸锭、板、带、箔、管、棒、型、线、锻件等有色金属产品(粉材除外)的企业,有色金属产品包括铝、铜、钛、镍、镁、锌、锡、铅等有色金属产品及其合金
	有色重金属冶炼企业安全生产标准化评定标准	铜、镍、铅、锌、锡、锑、铋、镉、汞等九种有色重金属冶炼企业
	电解铝(含熔铸、碳素)企业安全生产标准化评定标准	联合企业中的电解铝生产单元及独立电解铝生产企业
建材	建筑卫生陶瓷企业安全生产标准化评定标准	具有完整生产线的陶瓷砖、卫生陶瓷、烧结瓦及建筑琉璃等陶瓷制品的生产企业
	平板玻璃企业安全生产标准化评定标准	平板玻璃企业
	水泥企业安全生产标准化评定标准	具有完整水泥生产线企业、生产水泥熟料企业及水泥粉磨站等企业,存在国家明令淘汰工艺的水泥生产企业不适用本标准
	石膏板生产企业安全生产标准化评定标准	具有完整纸面石膏板生产线的企业,国家明令工艺落后、等量淘汰的石膏板生产企业不适用本标准
机械	机械制造企业安全质量标准化考核评级标准	机械制造企业
轻工	造纸企业安全生产标准化评定标准	具有完整造纸生产线企业、生产造纸熟料企业及造纸粉磨站等企业
	饮料生产企业安全生产标准化评定标准	《GB 10789 饮料通则》所示的饮料类生产企业,包括碳酸饮料(汽水)类、果汁和蔬菜汁类、蛋白饮料类、包装饮用水类、茶饮料类、咖啡饮料类、植物饮料类、风味饮料类、特殊用途饮料类、固体饮料类及其他饮料类等企业
	酒类(葡萄酒、露酒)生产企业安全生产标准化评定标准	葡萄酒和露酒生产企业,果酒生产企业参照执行本评定标准

续表

行业性质	评定标准	适用范围
轻工	白酒生产企业安全生产标准化评定标准	白酒生产企业,黄酒生产企业参照执行
	啤酒生产企业安全生产标准化评定标准	啤酒生产企业
	调味品生产企业安全生产标准化评定标准	《GB/T20903 调味品分类》所示的调味品生产企业,包括食用盐、食糖、酱油、食醋、味精、芝麻油、酱类、腐乳、香辛料加工等调味品生产企业,其他类调味品参考执行
	乳制品生产企业安全生产标准化评定标准	乳制品生产企业
	食品生产企业安全生产标准化评定标准	食品加工、罐头生产、面粉、食品发酵、烘焙加工和食用油加工等企业,糖果、非酒精饮料、医药行业的非危险化学品企业以及保健品企业可参照执行
纺织	纺织企业安全生产标准化评定标准	棉纺、织造、化纤、染整、成衣等纺织企业,其他纺织企业参照执行
	服装生产企业安全生产标准化评定标准	以面料为主要原料,进行裁剪、缝制等加工后生产服装、服饰的生产企业,皮革、毛皮服装生产企业参照执行
烟草	烟草企业安全生产标准化规范	烟草工业企业和商业企业,含烟叶复烤、卷烟制造、薄片制造、烟草收购、分拣配送、烟草营销等企业及下属的生产经营单位,不含烟草相关和投资的其他企业,如醋酸纤维、烟草印刷等企业;烟草相关和投资的其他企业可参照执行
商贸	仓储物流企业安全生产标准化评定标准	仓储物流企业,不适用车站和码头、危险物品经营和储存、运输等企业
	酒店业企业安全生产标准化评定标准	旅游饭店、一般旅馆等企业,其他住宿服务企业参照执行
	商场企业安全生产标准化评定标准	商场企业(包括百货商场、超级市场等相关企业),其他商业企业可参照执行
危化	危险化学品从业单位安全生产标准化评审标准	危险化学品生产、使用、储存企业及有危险化学品储存设施的经营企业
小企业	小企业安全生产标准化评定标准	各省市规定的小企业

对于八大工贸行业(冶金、有色、建材、机械、轻工、纺织、烟草、商贸),企业应用安标评审管理系统前,需首先根据自身行业性质确定相对应的专业评定标准,若无适用的专业评定标准,则选择《冶金等工贸行业安全生产标准化基本规范》。

安标评审管理信息系统包含三个子系统,分别为企业自评子系统、评审机构子系统和管理部门子系统。安全生产标准化创建的企业通过企业自评子系统进行自我评定并形成申请报告,评审机构通过评审机构子系统对达标申请的企业进行评审并形成评审报告,而对应的各级安全监管部门则可通过管理部门子系统实时掌控管辖区域内的企业创建和达标情况。三个子系统将安全生产标准化建设所涉及的主体有机地结合在一起,形成"对标—自评—申报—评审—监管"一套完整、高效的信息传导链,有效地协调了各主体之间的创建行为,提升了安标建设工作整体的效率。

安标评审管理信息系统在试运行期间,通过近千家企业的信息录入以及对其进行现场评审、数据统计的检验,并对其不断完善、改进,目前该系统已经能够满足各主体用户的使用需要。

1.2　子系统特色

1.2.1　企业自评子系统

企业自评子系统主要面对的用户为拟进行安全生产标准化创建工作的企业。通过该系统能够实现在线自评、多次自评、自动生成申请报告等功能,创建效率大幅提升,减少了大量的重复劳动,具体操作流程和方法见第2章。图1-1为企业自评子系统登录入口。

应用企业自评子系统完成安全生产标准化的自我评定,可以达到以下效果:

(1)提高自评效率

通过设置自评小组成员的分工,可以使不同专业的人员根据自己的专长负责对应条款,使得条款评定更加专业。同时各自评小组成员可以同时进行各要素的评定,避免了自评小组之间的重复评定,而且所有评定结果都实时在系统中显示,可以减少协调工作量。自评人员只需按照评定条款进行符合性判断即可,系统会自动完成分数计算和汇总工作。只需轻轻一点,即可完成实得分、空项分、总分等的计算。

图 1-1　企业自评子系统登录入口

(2)保存评分依据

在对每个具体条款评定过程中,用户可以通过现场照片等佐证资料的上传,确保评分规则有各种资料作为佐证,保证以事实为自评依据。

(3)自动生成报告

自评子系统按照安监总管四〔2011〕84号文要求设计企业自评申请材料,按照自评流程将信息填写完整,系统就可以自动生成自评报告,同时导出的电子版可用于企业在国家安监总局网站注册申请。省去所有报告编制工作,并且保证报告中的各个部门信息准确无误,大幅节约报告编制时间,提升报告信息准确度。

(4)完善整改项目

通过自评子系统进行多次自评,用户可查看每次自评发现的整改项目,整改完成确认符合要求后,提高自评得分。通过图片管理对不符合要求的项目进行持续跟踪,直到整改完成。从而保证每项不符合项目都得到有效关注。

（5）掌握评审质量

用户企业的主管领导可以通过自评子系统随时查看安全生产标准化自我评定进度，以及在自评过程中发现的不符合要求项的内容和整改完成情况，以便进行整体调控，从而减少了自评小组汇报的工作量。

（6）实现评审联动

在自评子系统中完成自我评定工作，所有自评信息都可以与使用评审子系统的评审机构实现共享。用户企业不需要在准备接受评审期间再向评审机构提供专门自评材料。评审结束后，可查看到评审机构提出的不符合要求项的内容。

此外，为了便于用户对企业自评子系统有更为深刻的了解，增加感性认识，安标评审管理系统增开了企业试用入口，如图1-2所示。用户可通过试用入口进行自评子系统中部分功能的使用。

图1-2　企业自评子系统试用登录入口

1.2.2　评审机构子系统

评审机构子系统主要面向具有安全生产标准化评审资格的评审机构以及需要对下属企业进行模拟评审的集团企业用户，操作方法见第3章。图1-3为评审机构子系统登录入口。

多数评审机构面临着评审工作量大，评审组人员专业背景差异大，对评分方式熟悉程度不同，评审组内部协调等一系列问题。对此，评审机构子系统提出了一系列具有针对性的解决方案，以确保提高评审质量和效率。

图1-3　评审机构子系统登录入口

（1）了解企业概况

若申请达标企业在自评子系统中完成自评，评审机构就可以查看受评审企业的自评申报信息，包括企业基本信息、设备设施清单、平面布置图、安全管理网络图、安全管理制度、安全生产许可证等文件信息，从而为现场评审做好充分的信息准备。

（2）导入自评数据

评审机构不仅可以对企业的各项申报信息有充分把握，还可以通过导入企业自评数据的方式，直接查看企业在自评中提出的所有符合项、不符合项和空项情况，了解企业在安全管理上的薄弱环节，进而有的放矢地开展评审工作。

（3）快速策划方案

评审机构可以建立自己的评审员、评审专家信息库，对评审人员进行统一管理。策划评审方案时根据受评审单位的性质以及评审人员的专业，从信息库中调用专业人员，迅速组成评审组。同时可以设置多种类型的评审计划模板，相似的评审安排采用相同的评审计划模板，方便快捷地生成评审计划。

（4）提高评审效率

评审子系统支持多人同时在线评审。不同专业背景的评审人员就可以更好地发挥自己的专业能力，对相关条款作出专业评价，从而提高评审质量。同自评子系统一样，评审子系统自动完成评审得分的计算和汇总，避免评审现场反复进行繁琐的分值计算。

（5）实时上传图片

在评审过程中发现的各种不符合项，评审人员都可以直接通过平板电脑、手机等工具完成现场拍照、现场上传，或者通过用相机等现场拍照后上传将其保存在评审记录中，作为评审现象佐证资料。

（6）自动生成报告

评审人员按照系统提供的流程完成了信息输入，系统便可以自动生成评审报告，减少了后续评审报告编制所花费的大量时间。而且报告各部分的信息都来自评审过程的录入，保证了评审报告中信息的准确性。同时导出的评审报告电子版可用于国家安监总局"企业标准化管理系统"的报告上传。

（7）自动生成讲稿

通过在现场评审过程中上传了不符合项内容的图片信息，自动生成不符合项图片的幻灯片，现场评审组组长在与受评审单位领导沟通或召开末次会议的时候，以图片形式进行展示，使受评审单位能够直观地意识到与标准要求之间的差距，从而更好地推进整改。

（8）整改计划控制

对于现场评审中提出的不符合项，自动汇总成整改计划初稿。受评审单位根据不符合项内容制定整改计划，同时也便于评审单位或监管部门在后续改进过程中持续关注。

（9）把控评审进度

评审机构可以同时关注多个评审组的工作进度和工作内容，及时获得评审工作的开展状况的各种信息，从而有效提升评审管理水平。

集团企业的安全管理部门为了能够及时掌握下属企业安全生产标准化达标创建情况，需要定期对下属企业进行模拟评审。通过评审子系统可以及时查看下属企业的自评申请材料，安排专业人员对下属企业进行现场模拟评审，实时关注模拟评审中提出的不符合内容的整改情况。并将各下属企业的评审结果进行汇总分析，形成横向比较，对集团整体的安全绩效作出评价。

1.2.3　管理部门子系统

管理部门子系统主要面对各级安全监管部门及集团企业安全主管部门。图1-4为管理部门子系统登录入口。

负责监管安全生产标准化建设工作的各级安全监管部门，面临的重要问题之一就是难以便捷、有效地获取辖区内各评审机构以及创建企业工作开展情况的信息。管理部门子系统为监管部门提供了实时、快捷的数据信息统计功能，具体操作方法见第4章。

图1-4　管理部门子系统登录入口

（1）信息实时更新

各级安全监管部门可以查看到辖区内所有参与了安全生产标准化创建的企业的达标情况。系统自动按照行业领域、申报等级、评审机构等进行分类汇总。整个系统最出色的方面在于，对于正在接受评审的企业，其安全监管部门可以实时查看评审进度和评审情况，对每家企业、每个评审机构的每个评审任务，都可以做到实时监控，从而及时掌握辖区内安全生产标准化创建及达标工作的开展状况。

（2）辅助数据分析

各级安全监管部门不仅能够对已经发生的情况进行把控，还可以通过对各种数据进行分析和预测。系统可以提供总体合格率、分项合格率、各条款得分率等多种统计功能，并且所有的统计功能都可以按等级、行业、区域、完成时间等进行分类统计。这样，就为安全监管部门提供了决策的数据基础。

与安全监管部门相似，集团企业的安全管理部门也希望能够对下属企业的安全生产标准化达标情况实现实时把握。通过管理部门子系统，可以实时了解集团下属企业的评审是否达标、得分以及不符合项信息等，对于评审机构提出的不符合项内容保持跟踪，切实地实现安全管理工作持续改进，保证整个集团的安全绩效持续提高。

1.3 基本功能

1.3.1 系统开启

首先，需要确定目前使用的计算机能够正常接入 Internet 网络。

然后，打开 IE 浏览器或其他浏览器：在"展开"菜单中选择 ⇒程序(P)，在下级展开菜单中点击 Internet Explorer 项或其他浏览器的快捷方式，浏览器即被打开。

接着，在浏览器地址拦内键入以下 URL 地址：http://www.anbiaowang.com，键入回车键后，浏览器页面自动切换至安标网页面，如图 1-5。

图 1-5　安标网首页

最后，在页面右中方，点击安标评审管理信息系统的子系统入口，浏览器自动切换至系统登录页面。

为了使页面看上去完整、美观，建议计算机的分辨率至少为 1024×768。建议使用 IE 浏览器,版本为 8.0 及以上。

1.3.2 系统登录

本系统包含三个子系统,网页中提供的入口分别对应为:自评企业入口对应"企业自评管理信息系统",评审机构入口对应"安标评审管理信息系统",管理部门入口对应"安标信息管理平台"。

系统登录页面如图 1-1,图 1-3,图 1-4 所示。

用户在输入框分别输入用户名和密码,然后点击登录按钮。系统会对输入的信息进行校验和核定,核定通过后页面将切换到系统主页面。在系统主页面的右上角将显示登录用户的全称。

如果输入信息核定不通过,将出现红色字体提示,显示"登录失败,请检查用户名或密码"的字样,用户需重新输入登录信息。

1.3.3 界面布局

登录系统成功后,各个子系统的默认界面如图 1-6,图 1-7,图 1-8 所示。

(1)评审机构子系统

评审机构子系统界面主要分为三个部分:界面上部是系统功能菜单区域,包含系统名称、系统菜单、系统辅助功能以及登陆人姓名显示;中间部分为系统检索区域,可以通过项目编号、企业名称、评审等级、评审日期、评审区域等信息进行检索;界面下部是信息显示区域,左侧为系统树菜单,右侧为项目显示列表。

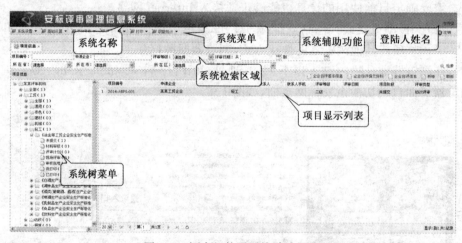

图 1-6 评审机构子系统默认界面

(2)企业自评子系统

企业自评子系统界面主要分为两个部分:上部区域为系统功能菜单,包含系统名称、系统菜单、单位名称、系统辅助功能以及登陆人姓名等;下部区域为信息录入区域,默认界面显示企业信息填写。

(3)管理部门子系统

管理部门子系统主要分为三个部分:上部区域为系统功能菜单区域,包含系统名称、系统

图 1-7　企业自评子系统默认界面

菜单、系统辅助功能、单位名称以及登陆人姓名显示等；中间部分为系统检索区域，可以通过行业性质、评审等级、评审日期、依据标准、评审区域等信息进行检索；界面下部是信息显示区域，左侧为系统树菜单，右侧为项目显示列表。

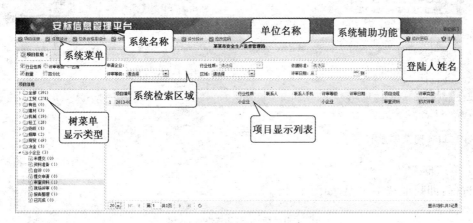

图 1-8　管理部门子系统默认界面

1.3.4　基本操作

在开始介绍系统使用功能前，首先简单介绍一下系统的基本操作。

（1）系统菜单

系统菜单即菜单栏，由若干个下拉菜单组成，每个下拉菜单包含一组菜单命令。图 1-9 显示评审机构子系统的菜单。

图 1-9　系统菜单　　　　　　　　　　　　　　图 1-10　系统中常用按钮

（2）系统按钮

按钮：即命令按钮，是指可以响应鼠标点击的小矩形子窗口。图 1-10 显示系统中比较常用的几个按钮样式。

9

（3）树菜单

树菜单位于系统的左侧，用于对行业、评审阶段等进行分类。点击条目名称前的⊞
可以展开本条目，点击条目名称前的⊟可以收缩本条目，如图1-11。

（4）输入框

在输入框中单击鼠标会出现插入点光标，可以直接在输入框中输入文字或文本信息，如图1-12。

（5）下拉框

在下拉框中单击鼠标点击▾，文本框中会显示下拉框内容，移动鼠标单击选择内容，如图1-13。

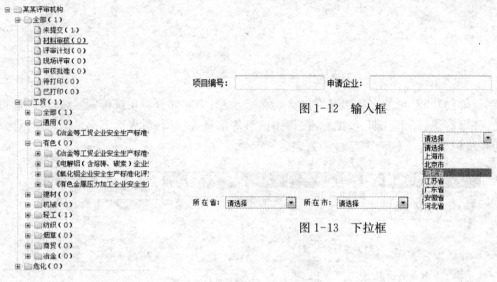

项目编号： _____ 申请企业： _____

图1-12 输入框

图1-13 下拉框

图1-11 树菜单显示

（6）单选框

单选框：即只能选中一项，如图1-14。

☐行业性质 ☑评审等级 ☐区域

图1-14 单选框

（7）复选框

复选框：即可同时选中多项，如图1-15。

☐1安全生产标准化评审材料（封面）
☑2评审材料目录
☑3企业申报材料审查报告
☐4评审计划（包括：评审等级、评审范围、评定标准或评分细则
☑5评审报告
☐5-1评审结论
☐5-2评审报告（含总结、改进建议）
5-3评审得分表
☐5-4评审扣分点及原因说明汇总表
☑5-5设备设施抽查数量统计表
☐6首次会议内容核查表
☑7首次会议签到表
☐8末次会议内容核查表
☐9末次会议签到表

图1-15 复选框

1.3.5 辅助功能

（1）主页

点击 ⊙主页,关闭所有打开的页面,同时打开默认界面。

（2）修改密码

点击 ⊙修改密码 ,进入修改密码界面,如图 1-16。

图 1-16　修改密码

修改密码需录入旧密码以及输入两次新密码,点击 🔲保存 修改密码。

（3）注销

注销功能是清除自动登录设置,并退回到登录页面。

注销链接在页面右上角 ⊙注销,点击链接后,系统返回登录页面。

第2章 企业自评

本章以安全生产标准化评定标准为主线,分别介绍了企业使用自评子系统进行安全生产标准化自我评定的操作流程和方法。

由于国家安监总局已公布的专业评定标准不能完全覆盖所有的专业,绝大多数企业均参照《冶金等工贸企业安全生产标准化基本规范》的要求进行安全生产标准化的达标创建,本章2.1节阐述了采用基本规范进行自评的操作流程,包括企业信息的填写、资料上传、自评信息的填写、要素条款的逐项评定、申请报告的打印等内容。

机械行业所依据的新的评定标准尚未发布,目前依然采用《机械制造企业安全质量标准化考核评级标准》(2005版),而该评定标准与基本规范在框架格式和评分方式上存在较大差异,本章2.2节详细描述了采用该评定标准进行自评的操作流程。

小企业安全生产标准化评定标准主要由各省市自主制定,本章2.3节则以上海市《小企业安全生产标准化评定标准》为例介绍企业使用自评子系统的操作流程。

本章2.4节分别介绍采用其他行业的专业评定标准进行自评的主要操作流程,操作方法未详细描述的可参见本章2.1节相关内容。

用户在使用企业自评子系统进行自我评定前,依据自身行业性质优先选择专业评定标准,无专业评定标准的采用基本规范进行创建,并根据选择的评定标准阅读相对应的章节内容。

2.1 冶金等工贸企业安全生产标准化基本规范

2.1.1 用户登录

企业通过安标网网页"企业自评入口"进入自评子系统。进入子系统后默认界面为企业信息页面。

2.1.2 企业信息

企业信息包括基本信息、重要信息、安全生产管理人员表、特种作业人员、企业场地信息以及企业部门信息六个部分内容。

2.1.2.1 基本信息

在基本信息页面中,需录入本企业的基本信息以及自评所涉及的相关信息,如图2-1。

申请企业、企业性质、地址、邮编等信息按照公司实际情况如实填写,部分信息填写说明如下:

➤ **安全管理机构** 安全管理机构是指企业内部设立的负责安全管理事务的机构(如安全管理部、人力资源部、安保部等)。

图 2-1　企业基本信息（✻ 为必填项）

➤ **专职安全人数**＊　专职安全管理人员是指专门从事安全管理工作的人员，不包含兼职安全管理人员。

➤ **特种作业人员**＊　包含电工作业、焊接与热切割作业、高处作业、制冷与空调作业、煤矿安全作业、金属非金属矿山安全作业、石油天然气安全作业、冶金（有色）生产安全作业、危险化学品安全作业、烟花爆竹安全作业等作业人员。

➤ **专业**＊　按行业所属专业填写，有专业安全生产标准化标准的，按标准确定的专业填写，如"冶金"行业中的"炼钢"、"轧钢"专业，"建材"行业中的"水泥"专业，"有色"行业中的"电解铝"、"氧化铝"专业等。

➤ **是否倒班**＊　若公司存在倒班情况，勾选"倒班"并在显示的框中填写倒班人数及方式，如图 2-2。

（a）企业倒班勾选

（b）企业倒班人数及方式

图 2-2　企业倒班情况

➢ 评审类型* 点击右侧下拉菜单按钮展开,选择"初次评审"或"周期性评审"(每三年进行一次外部评审),如图 2-3。

图 2-3 评审类型

➢ 评审内容* 点击右侧下拉按钮展开,选择"自评",如图 2-4。

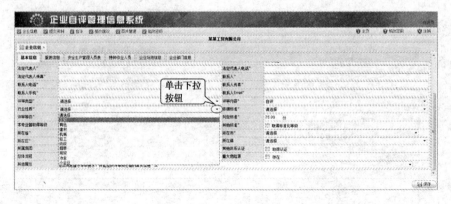

图 2-4 评审内容

➢ 行业性质* 点击右侧下拉按钮展开,选择"工贸",如图 2-5。

图 2-5 行业性质

➢ 依据标准* 点击右侧下拉按钮展开,选择"《冶金等工贸企业安全生产标准化基本规范评分细则》",如图 2-6。

图 2-6 依据标准

➢ **评审等级**[·] 点击右侧下拉按钮展开,选择申报等级"一级"、"二级"或"三级",如图 2-7。

图 2-7 评审等级

➢ **判定标准**[·] 系统根据申报等级自动形成判定标准分数(一级 90,二级 75,三级 60)。

➢ **本专业曾取得等级** 和 **其他标准**[·] 选择曾取得安全生产标准化等级和填入相应信息,未取得则不填写。

➢ **所在省**[·] 点击右侧下拉按钮展开,选择企业所在省份。所在市、所在区、所在镇按照同样方法勾选,如图 2-8。

图 2-8 所在省信息

➢ **其他体系认证**   若公司已通过其他体系认证，勾选"取得认证"，并点击"体系信息"，如图 2-9。

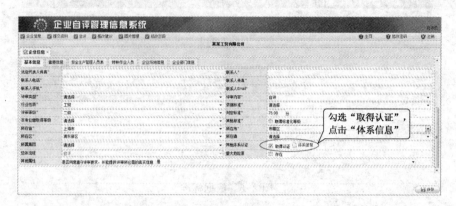

图 2-9   其他体系认证

➢ 点击"新增"填入"企业认证体系名称"、"认证机构"、"认证时间"，如图 2-10。

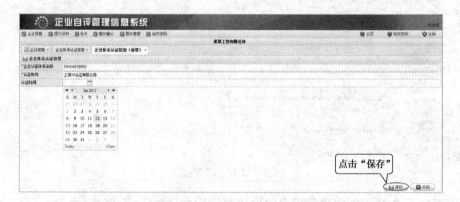

图 2-10   企业体系认证信息

➢ 点击右下角 保存 进行保存。

➢ 取得多个体系认证的依次进行新增，点击 更新可对认证信息进行修改。

填入的体系认证信息可通过 删除进行删除，如图 2-11。

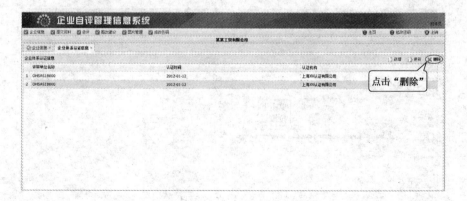

图 2-11   企业体系认证信息删除

➢ 系统提示是否确定要删除记录，点击"确定"按钮进行删除，如图 2-12。

➢ **重大危险源**　若存在《危险化学品重大危险源辨识》（GB 18218—2009）或国家相关规定的重大危险源，勾选"存在"，并填写重大危险源内容，如图 2-13。

➢ **其他属性**　点击右侧下拉按钮展开，选择"是"，如图 2-14。

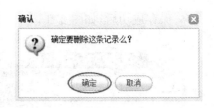

图 2-12　企业体系认证信息删除提示

图 2-13　重大危险源内容

图 2-14　其他属性选择

➢ 确认基本信息填写完整、正确后，点击右下角 **保存** 。

注：若点击 保存 后左上角提示"××不能为空"，按要求填写完毕后保存，如图 2-15。

图 2-15　无法保存的提示

保存成功后,如图 2-16。

图 2-16　基本信息保存

2.1.2.2　重要信息

➤ 点击企业信息"重要信息",录入本企业的重要信息,包括企业概况、近三年本企业重伤、死亡或其他重大生产安全事故和职业病的发生情况、安全管理状况、有无特殊危险区域或限制的情况,如图 2-17。

图 2-17　重要信息(✱ 为必填项)

➤ **1.企业概况** **填写说明**　在"企业概况"下框中填写企业概况信息,点击填写说明,跳出填写说明对话框,显示填写本栏目的要求或示范,如图 2-18。

图 2-18　企业概况填写帮助

➤ 重要信息填写完毕后点击 **保存** ,如图 2-19。

图 2-19　重要信息填写完整

2.1.2.3　安全生产管理人员表

➤ 点击企业信息"安全生产管理人员表"录入本企业安全生产管理人员信息,如图 2-20。

图 2-20　安全生产管理人员表

➤ 点击 新增 。

➤ 在打开的"安全管理人员(新增)"窗口中填写安全管理人员信息,填写完毕后点击右下角 保存 ,如图 2-21。

图 2-21　安全管理人员(新增)窗口

通过 新增 , 更新 , 删除 按钮对安全管理人员信息进行增加、修改和删除,填写完成后效果如图 2-22。

图 2-22 填写完成的安全生产管理人员表

2.1.2.4 特种作业人员

➤ 点击企业信息"特种作业人员",录入本企业特种作业人员信息,如图 2-23。

图 2-23 特种作业人员

➤ 点击 新增 。

在打开的"特种作业人员信息(新增)"窗口中填写特种作业人员信息,填写完毕后点击右下角 保存 ,如图 2-24。

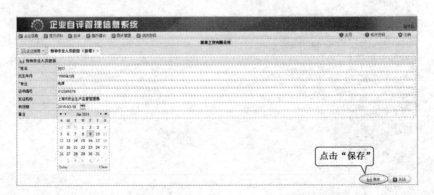

图 2-24 特种作业人员(新增)

通过 新增 , 更新 , 删除 按钮对特种作业人员信息进行增加、修改和删除,填写完成后效果如图 2-25。

图 2-25　填写完成的特种作业人员

2.1.2.5　企业场地信息

➤ 若公司存在多个厂区(不同的地址),点击"企业场地信息"录入本企业的场地信息,如图 2-26。

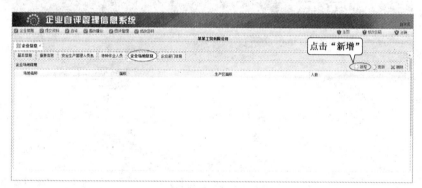

图 2-26　企业场地信息

➤ 点击 ⬜新增 。

➤ 在打开的"企业场地信息(新增)"窗口中填写企业场地信息,填写完毕后点击右下角 💾保存 ,如图 2-27。

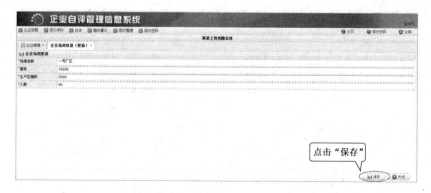

图 2-27　企业场地信息(新增/更新)

通过 ⬜新增 , 更新 , ✖删除 按钮对企业场地信息进行增加、修改和删除,填写完成后效果如图 2-28。

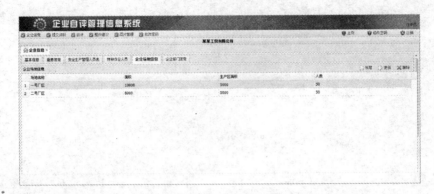

图 2-28　填写完成的企业场地信息

2.1.2.6　企业部门信息

➢ 点击"企业部门信息"录入本公司的部门信息,如图 2-29。

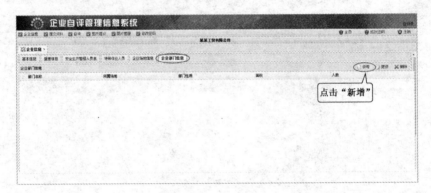

图 2-29　企业部门信息

➢ 点击 新增 。

➢ 在打开的"企业部门信息(新增)"窗口中填写企业部门信息,填写完毕后点击右下角 保存 ,如图 2-30。

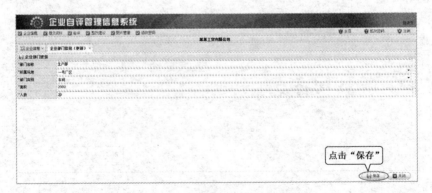

图 2-30　企业部门信息(新增/更新)

　　通过 新增 ， 更新 ， 删除 按钮对企业部门信息进行增加、修改和删除,填写完成后效果如图 2-31。

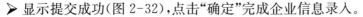

图 2-31 填写完成的企业部门信息

➤ 企业信息(包括基本信息、重要信息、安全生产管理人员表、特种作业人员、企业场地信息、企业部门信息)填写完毕后,点击右下角 提交 进行提交。

➤ 显示提交成功(图 2-32),点击"确定"完成企业信息录入。

注:若点击 保存 后右下角提示提交失败,左上角提示还需填入的信息,按要求填写并保存后,再点击 提交 ,如图 **2-33**。

图 2-32 企业信息提交
成功提示

图 2-33 企业信息提交失败提示

2.1.3 提交资料

➤ 点击"提交资料"按钮上传本企业提交安全标准化申请所需要的资料,如图 2-34。

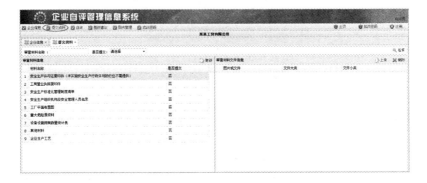

图 2-34 提交资料页面

➢ 选中"安全生产许可证复印件（未实施安全生产行政许可的行业不需提供）"，点击右上角 上传，如图 2-35。

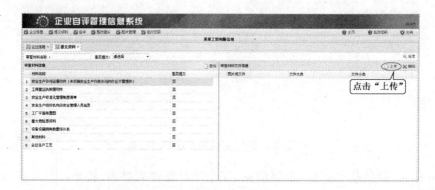

图 2-35　安全生产许可证复印件上传

➢ 在跳出的对话框中点击"浏览"按钮选择电脑本地文件，如图 2-36。

图 2-36　文件上传浏览窗口

➢ 选择相应文件（示例中文件位于"我的电脑""E 盘""安全生产标准化"文件夹内）后点击"打开"按钮，如图 2-37。

图 2-37　本地文件选择窗口

➢ 在"文件上传"（图 2-36）对话框中点击"上传"按钮。

其他材料按上述步骤依次上传，上传完成后效果如图 2-38。

图 2-38　上传完成的提交资料页面

注：（1）选中需要查看的图片或文件，单击可打开预览或保存，如图 2-39。

（2）通过"检索"按钮可进行材料检索，在"审查材料名称"中输入关键字，点击右侧"检索"按钮即可检索出所需材料，按需要检索"设备设施"，如图 2-40、图 2-41操作。

图 2-39　对上传资料下载访问

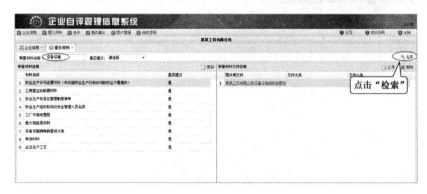

图 2-40　上传资料检索

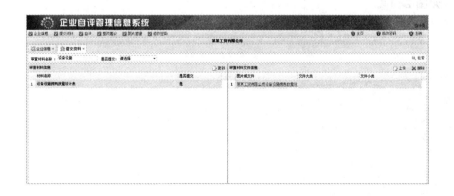

图 2-41　检索完成页面

2.1.4 企业自评

➢ 点击"自评"按钮进入自评信息录入界面,如图 2-42。企业自评包括自评小组成员、外聘专家、设施设备信息以及自评信息四个部分。

图 2-42 企业自评

2.1.4.1 自评小组成员

➢ "自评"界面默认显示"自评小组成员",点击 新增 ,如图 2-43。

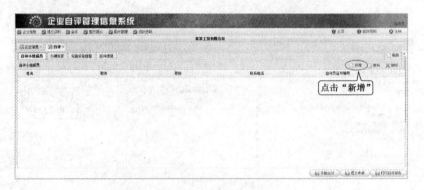

图 2-43 自评小组成员

➢ 在打开的"自评小组人员(新增)"窗口中填写自评小组人员信息,填写完毕后点击右下角 保存 ,如图 2-44。

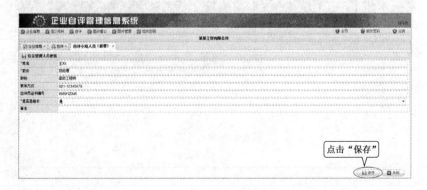

图 2-44 自评小组成员(新增)

通过 新增, 更新, 删除按钮对自评小组人员信息进行增加、修改和删除,填写完成后效果如图 2-45。

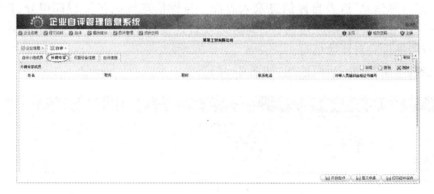

图 2-45 填写完成的自评小组成员

2.1.4.2 外聘专家

➤ 点击"外聘专家"按钮录入本企业参与自评的外聘专家名单,如图 2-46。

图 2-46 外聘专家

填写操作步骤同 2.1.4.1 节。

2.1.4.3 设施设备信息

➤ 点击"设施设备信息"录入本企业所属设备设施的数量信息,如图 2-47。

图 2-47 设施设备信息

> 在"拥有数"下列各空格中填写对应设施设备的数量,填写完成后点击 ⬛保存,如图 2-48。

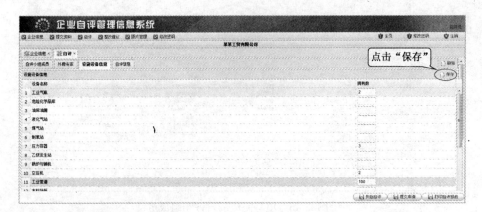

图 2-48　设施设备信息保存

2.1.4.4　自评信息

> 点击"自评信息"进入自评信息录入界面。自评信息页面包括自评得分、自评时间、自评概述、法律法规符合性综述、现场自评综述以及自评发现的问题概述及纠正情况验证结论。这部分内容需进行完自评后填写。

> 点击右下角"开始自评"按钮,如图 2-49。

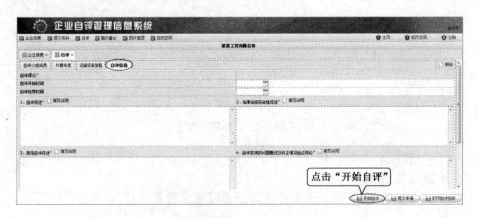

图 2-49　开始自评

2.1.4.5　开始自评

进入各要素自评界面,结合公司的实际情况逐条进行评价打分,系统根据录入的信息自动计算分值判断是否达标。评审内容显示了每一项企业达标标准所对应的具体评分方式,根据实际情况选择"符合"、"不符合"、"空项"。如果选择不符合,需要勾选具体的不符合评分项,录入评审描述。

例一(符合条款):假设公司制定了"三同时"管理制度并且符合国家法规要求,对第 6.1.1 条款进行打分。

> 点击左侧树菜单"6 生产设备设施",如图 2-50。

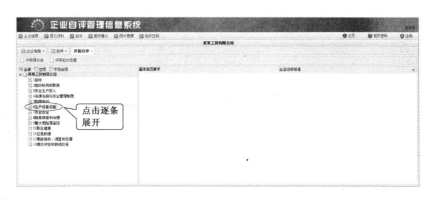

图 2-50　自评条款选择（一级要素）

➢ 在展开的菜单中点击"6.1 生产设备设施建设"，如图 2-51。

图 2-51　自评条款选择（二级要素）

➢ 选中"6.1.1 建立新、改、扩建工程'三同时'管理制度"，右侧显示自评内容界面，如图 2-52。

图 2-52　自评条款选择（三级要素）

注：带"＊"条款应在自评界面中间部分上传相应的材料。若未上传文件则该条款无法评为"符合"，点击"符合"并保存时系统会提示"必须上传图片或文件"，如图 2-53。

➢ 点击"上传"按钮。在跳出的"文件上传"对话框中点击"浏览"，如图 2-54。

图 2-53　上传条款提示窗口　　　　　　　　　图 2-54　文件上传浏览窗口

➤ 选择电脑本地相应文件(图 2-55)，并填写"部门"、"上传人"等信息后点击对话框下方"上传"按钮(图 2-56)。

图 2-55　选择本地文件上传窗口　　　　　　　图 2-56　文件上传填写窗口

➤ 上传完毕后点击该条款自评评审结论"符合"，再点击 保存，如图 2-57。

图 2-57　符合条款评定

下方"评审描述"栏自动显示"符合",同时在右下角显示数据保存成功提示,如图 2-58。

图 2-58　符合评审描述自动形成

例二(空项条款):对第 9.2.2 条款进行打分,假设公司不存在重大危险源,则该项目不考评,作为"空项"。

➤ 点击"9 重大危险源监控",如图 2-59。

图 2-59　自评条款选择(一级要素)

➤ 在展开的树菜单中点击"9.2 登记建档与备案",如图 2-60。

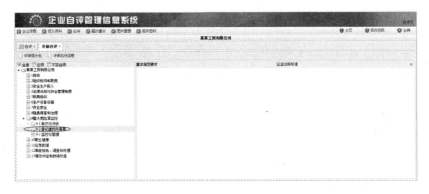

图 2-60　自评条款选择(二级要素)

➤ 在展开的树菜单中点击"9.2.2 按照相关规定,将最大危险源向安全监管部门和相关部门备案",如图 2-61。

图 2-61　自评条款选择（三级要素）

➤ 点击"空项"按钮，然后点击"保存"按钮，下方评审描述框中自动显示"空项"，右下角显示"数据保存成功"，如图 2-62。

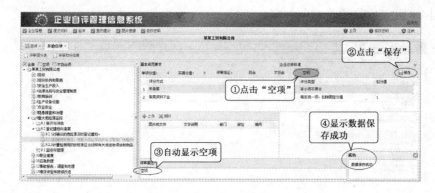

图 2-62　空项条款评定

例三（不符合条款）：

（1）扣除固定分值

对第 11.3.2 条款进行评定，假设公司缺少应急设备设施的检查、维护、保养记录。

➤ 点击"11 应急救援"，如图 2-63。

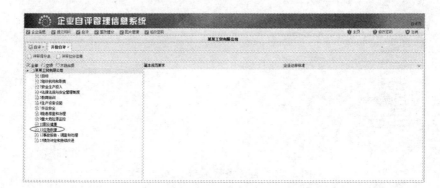

图 2-63　自评条款选择（一级要素）

➢ 在展开的树菜单中点击"11.3 应急设施装备物资",如图 2-64。

图 2-64　自评条款选择(二级要素)

➢ 在展开的树菜单中点击"11.3.2 对应急设施、装备和物资进行经常性的检查、维护……",如图 2-65。

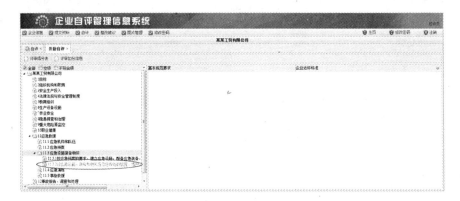

图 2-65　自评条款选择(三级要素)

➢ 在右侧显示的评审界面中选择"不符合",如图 2-66。

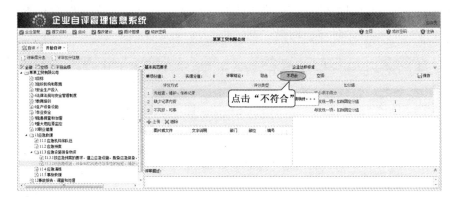

图 2-66　不符合条款评定(a)

➢ 在评分方式中勾选"无检查、维护、保养记录",如图 2-67。

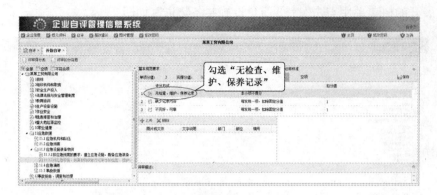

图 2-67　不符合条款评定(b)

➢ 在下方评审描述中填写"无应急设施、装备和物资的检查、维护、保养记录",并点击 保存,同时在右下角显示"数据保存成功",如图 2-68。

图 2-68　不符合条款评定(c)

（2）扣除多项分值

对 8.2.2 条款进行打分,假设公司缺少综合性检查表,2 次季节性检查表缺少检查人签字。

➢ 按照上述"（1）扣除固定分值"中描述的操作步骤选中"8.2.2 采用综合检查、专业检查、季节性检查……",点击"不符合",如图 2-69。

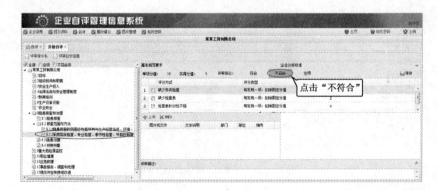

图 2-69　不符合条款评定(a)

➤ 勾选"缺少检查表",如图 2-70。

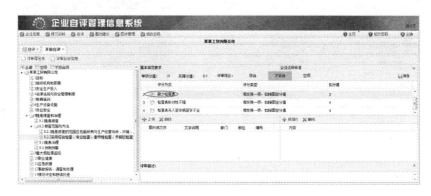

图 2-70　不符合条款评定(b)

➤ 勾选"检查表无人签字或签字不全",如图 2-71。

图 2-71　不符合条款评定(c)

➤ 点击"新增行",在下方显示的框中填入扣分原因,如"2013 年 3 月 5 日季节性检查表无人签字",如图 2-72。

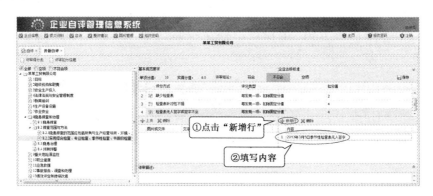

图 2-72　不符合条款评定(d)

➤ 再次点击"新增行",在下方第二行中填入另一扣分原因,如"2013 年 7 月 9 日季节性检查表无人签字",如图 2-73。

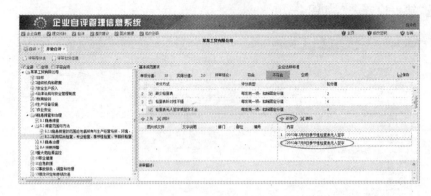

图 2-73　不符合条款评定（e）

➤ 在评审描述框中填入"缺少综合性检查表，2013 年 3 月 5 日及 2013 年 7 月 9 日的季节性检查表均无人签字"，点击 ▣ 保存，右下角显示"数据保存成功"，如图 2-74。

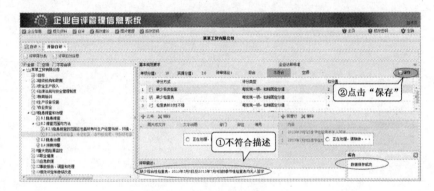

图 2-74　不符合条款评定（f）

（3）倒扣分

安全生产标准化评分标准中部分条款存在不符合项倒扣分的情况。假设公司未定期对应急预案进行演练。

➤ 按照"（1）扣除固定分值"中描述的操作步骤选中"11.4.1 制定应急预案演练计划……"，点击"不符合"，如图 2-75。

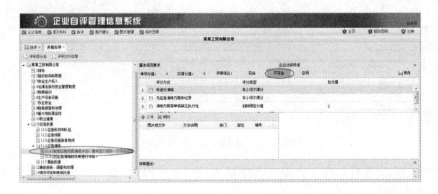

图 2-75　倒扣条款评定（a）

➢ 勾选"未进行演练",如图 2-76。

图 2-76 倒扣条款评定(b)

➢ 在评审描述中填写"未组织员工定期进行应急预案的演练",并点击 保存,如图 2-77,同时右下角显示"数据保存成功"。

图 2-77 倒扣条款评定(c)

注:图 2-77 实得分值显示为"0.0"分,未体现倒扣分(系统已经进行了倒扣分),再次点击左侧"11.4.1 制定应急预案演练计划……",即可看到实得分值为"-8",如图 2-78。

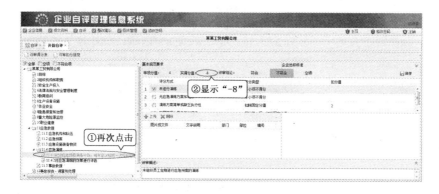

图 2-78 倒扣条款评定(d)

左侧树菜单各项条款在评分后会由原来的深色变为浅色,如图 2-79。

图 2-79　条款评定颜色变化

在各条款打分过程中,可以通过右上角 ✔ 按钮查看基本规范要求、企业达标标准以及评审得分,再次点击该按钮可隐藏这些信息,如图 2-80、图 2-81。

图 2-80　贴心按钮使用

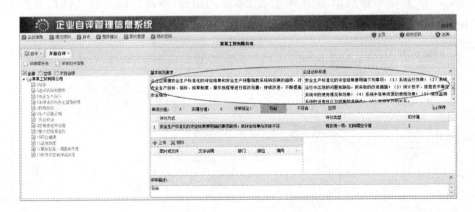

图 2-81　基本规范、企业达标标准要求显示

在各条款打分过程中,可以通过右下角 ✔ 按钮查看实得分、空项分等信息,再次点击该按钮可隐藏这些信息,如图 2-82、图 2-83。

图 2-82　贴心按钮使用

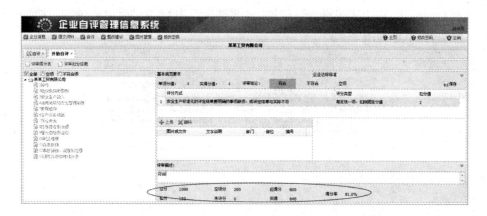

图 2-83　自评得分情况显示

2.1.4.6　提交申请

　　按照上述操作步骤,对 13 个要素各项条款评分完成后,返回"自评信息"界面,自评得分显示"81.0",如图 2-84。

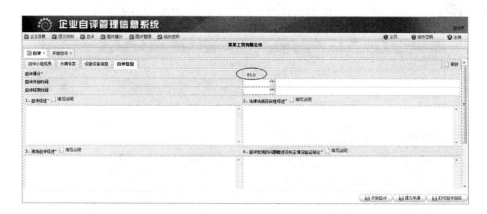

图 2-84　自评得分显示

➢ 选择自评开始时间及自评结束时间,如图 2-85。

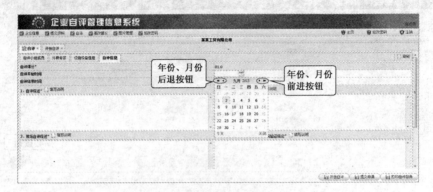

图 2-85　自评时间选择

➢ 填写自评综述、法律法规符合性综述、自评结论等内容,通过"填写说明"按钮可查看该部分填写说明,提示框如图 2-86。

图 2-86　现场自评综述填写说明

➢ 自评信息填写完毕点击"提交申请"按钮进行提交,如图 2-87。

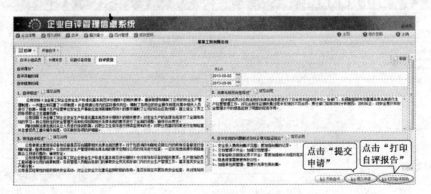

图 2-87　自评提交申请

2.1.5 打印自评报告

➢ 点击"打印自评报告",如图 2-87,打开自评报告打印界面,如图 2-88。
点击左侧的材料可进行预览。

图 2-88　打印自评报告

➢ 勾选所需打印的材料(可选择部分材料进行打印,也可选择全部材料进行打印),点击"全选"、"反选"按钮可对材料进行全部选择或相反选择,如图 2-89。

图 2-89　自评报告选择打印

图 2-90　自评报告打印
确认框

➢ 点击"打印所选",在跳出的提示框中点击"确定",即可从默认打印机上打印出自评报告,如图 2-90。

点击"导出所选"可将勾选的自评材料导出为电子版本。

注:自评报告打印以后,自评内容不可修改。

2.1.6　整改建议

➢ 外部评审结束后,可在"整改建议"界面查看评审单位根据现场情况给出的整改建议。在企业自评主页面中点击"整改建议",如图 2-91。

图 2-92 为整改建议页面,显示整改建议信息等内容。

➢ 通过"拍照人"、"专业"可对整改建议信息进行检索。填写"拍照人"或/和"专业"至对应的输入框中,点击"检索"按钮进行查询。

图 2-91　进入整改建议页面

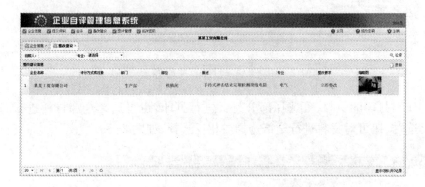

图 2-92　整改建议

➤ 点击 更新，打开列表中选择的整改建议，填写责任人、计划完成时间、实际完成时间、整改描述并上传整改后的照片，点击保存修改整改建议。具体步骤参考"图片管理"。

2.1.7　图片管理

➤ 在企业自评主页面中点击"图片管理"按钮显示图片管理界面，如图 2-93。

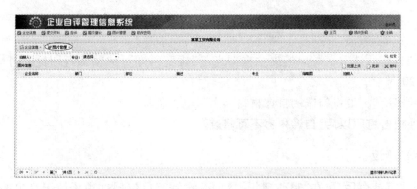

图 2-93　图片管理

➤ 点击右上角批量上传按钮，跳出图片上传对话框，如图 2-94。

➤ 填写项目和拍照人后点击"上传"。（系统自动将上传的照片转换为 800 像素×600 像素，因此照相机宜选择最低像素模式，以提高上传的速度；此外，相机拍照保存图片格式选择为 jpg。）

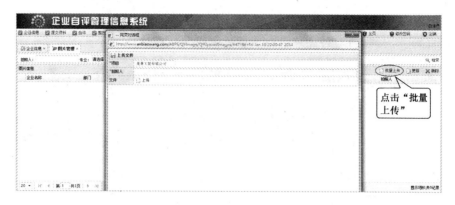

图 2-94　图片批量上传

➢ 在弹出的上传对话框中点击"上传图片",如图 2-95。

图 2-95　图片上传窗口

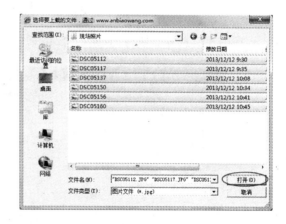

图 2-96　本地图片选择

➢ 找到电脑中需要上传的图片,全部选中后,点击"打开",如图 2-96。
➢ 上传图片对话框中显示上传进度,如图 2-97。

图 2-97　图片上传进度和成功显示

➤ 上传结束之后显示上传成功提示框,点击"确定"。

➤ 通过 📝 更新,✖ 删除可对各图片进行信息更新或删除,如图 2-98。

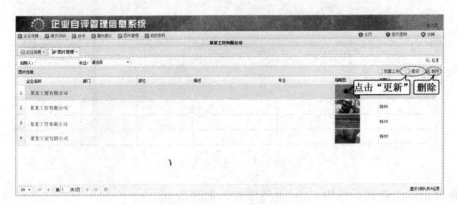

图 2-98　图片管理更新按钮

➤ 在图片信息界面填写"对象"、"部位"、"编号"等信息,并点击 📁保存,如图 2-99。

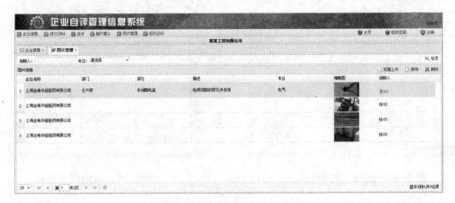

图 2-99　图片管理信息填写

➤ 点击 📝 更新,可以对不符合项整改确定"整改要求"、"整改建议"、"责任部门"、"责任人"及"计划完成时间",如图 2-100。

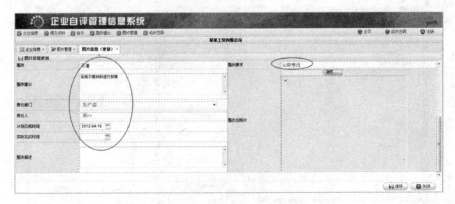

图 2-100　图片管理信息更新

➤ 整改完成后,点击 📄更新,填写"实际完成时间"、"整改描述",并上传整改后的照片,如图
2-101。

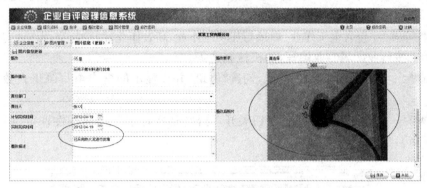

图 2-101　整改后信息描述

2.2　机械制造企业安全质量标准化评定标准

2.2.1　用户登录

企业通过安标网网页"企业自评入口"进入自评子系统。进入子系统后默认界面为企业信
息页面。

2.2.2　企业信息

企业信息包括基本信息、重要信息、安全生产管理人员表、特种作业人员、企业场地信息以
及企业部门信息六个部分。

2.2.2.1　基本信息

在基本信息页面,录入本企业的基本信息以及自评所涉及的相关信息,如图 2-102。

图 2-102　企业基本信息

申请企业、企业性质、地址、邮编等信息按照公司实际情况如实填写,部分信息填写说明
如下:

➤ **安全管理机构**　　安全管理机构是指企业内部设立的负责安全管理事务的机构(如安全管

理部、人力资源部、安保部等）。

➤ 专职安全人数* 专职安全管理人员是指专门从事安全管理工作的人员，不包含兼职安全管理人员。

➤ 特种作业人员* 包含电工作业、焊接与热切割作业、高处作业、制冷与空调作业等作业人员。

➤ 专业* 按行业所属专业填写，如机械制造等。

➤ 是否倒班* 若公司存在倒班情况，勾选"倒班"并在显示的框中填写倒班人数及方式，如三班制。

➤ 评审类型* 点击右侧下拉菜单按钮展开，选择"初次评审"或"周期性评审"（每3年进行一次外部评审），如图2-103。

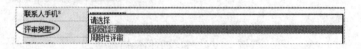

图 2-103　评审类型选择

➤ 评审内容* 点击右侧下拉按钮展开，选择"自评"。

➤ 行业性质* 点击右侧下拉按钮展开，选择"机械"，如图2-104。

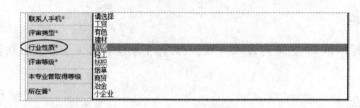

图 2-104　行业性质选择

➤ 依据标准* 点击右侧下拉按钮展开，选择"《机械制造企业安全生产标准化评定标准》"，如图2-105。

图 2-105　依据标准选择

➤ 评审等级* 点击右侧下拉按钮展开，选择申报等级"一级"、"二级"或"三级"，如图2-106。

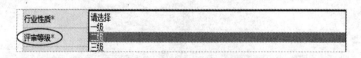

图 2-106　评审等级选择

➤ 判定标准* 系统根据申报等级自动形成判定标准分数。

➤ 本专业曾取得等级 和 其他标准* 选择曾取得安全生产标准化等级和填入相应信息，未取得则不填写。

➤ 所在省* 点击右侧下拉按钮展开，选择企业所在省份。所在市、所在区、所在镇按照同样方法勾选，如图2-107。

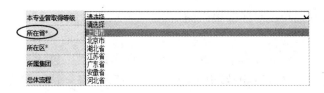

图 2-107　企业所在省选择

➢ **其他体系认证**　若公司已通过其他体系认证,勾选"取得认证"并点击"体系信息" 其他体系认证 ☑取得认证 体系信息 ,在弹出的体系信息页面中点击 新增 ,填入"企业认证体系名称"、"认证机构"、"认证时间",如图 2-108。

图 2-108　企业认证体系信息

➢ 点击右下角 保存 进行保存。

➢ 取得多个体系认证按照上述操作步骤依次进行新增。

➢ 填入的体系认证信息可通过 更新 和 删除 进行已填信息的更新或删除,如图 2-109。

图 2-109　体系认证信息(更新/删除)

➢ 对于删除信息,系统会提示是否确定删除记录,点击"确定"按钮进行删除,如图 2-110。

➢ **重大危险源**　若存在《危险化学品重大危险源辨识》(GB 18218—2009)或国家相关规定的重大危险源,勾选"存在"复选框,并填写重大危险源内容。

➢ **其他属性**　点击右侧下拉按钮展开,选择"是"。

确认基本信息填写完整、正确后,点击右下角 保存 进行保

图 2-110　删除体系认证
信息确认框

存,若点击 保存 后左上角提示还需填入的信息,按要求填写完毕后保存。

2.2.2.2 重要信息

➤ 点击企业信息下的"重要信息",录入本企业的重要信息,包括企业概况、近三年本企业重伤、死亡或其他重大生产安全事故和职业病的发生情况、安全管理状况、有无特殊危险区域或限制的情况,如图 2-111。

图 2-111　企业重要信息

➤ 1.企业概况 □填写说明　在"企业概况"下框中填写企业概况信息,点击填写说明,便可弹出填写说明对话框,显示填写本栏目的要求或示范,如图 2-112。

图 2-112　企业概况帮助窗口

➤ 重要信息填写完毕后点击 保存,如图 2-113。

图 2-113　填写完成的重要信息

2.2.2.3 安全生产管理人员表

➤ 点击企业信息下的"安全生产管理人员表"录入本企业安全生产管理人员信息,如图 2-114。

图 2-114　安全生产管理人员
进入提示

图 2-115　安全生产管理人员

➤ 点击 新增,如图 2-115。

➤ 在打开的"安全管理人员（新增）"窗口中填写安全管理人员信息,填写完毕后点击右下角 🖫保存,如图 2-116。

图 2-116　新增安全生产管理人员信息

通过 📄新增 , 📄更新 , ✖删除对安全管理人员信息进行增加、修改和删除,填写完成后效果如图2-117。

图 2-117　安全生产管理人员信息（新增/更新/删除）

2.2.2.4　特种作业人员

➤ 点击企业信息"特种作业人员",如图 2-118。

图 2-118　特种作业人员进入页面

录入本企业特种作业人员信息。

➤ 点击 📄新增 。

在打开的"特种作业人员信息（新增）"窗口中填写特种作业人员信息,填写完毕后点击右下角 🖫保存,如图 2-119、图 2-120。

通过 📄新增 , 📄更新 , ✖删除按钮对特种作业人员信息进行增加、修改和删除,填写完成后效果如图 2-121。

图 2-119　特种作业人员新增

图 2-120　新增特种作业人员

图 2-121　特种作业人员(新增/更新/删除)

2.2.2.5　企业场地信息

➢ 点击企业信息"企业场地信息"录入本企业的场地信息,如图 2-122。

图 2-122　企业场地信息进入页面

➢ 点击 新增,如图 2-123。

图 2-123　企业场地信息

➢ 在打开的"企业场地信息(新增)"窗口中填写企业场地信息,填写完毕后点击右下角 保存,如图 2-124。

图 2-124　新增企业场地信息

通过 新增, 更新, 删除对企业场地信息进行增加、修改和删除,填写完成后效果如图 2-125。

图 2-125　企业场地信息（新增/更新/删除）

2.2.2.6　企业部门信息

➢ 点击企业信息"企业部门信息"，录入本企业的部门信息，如图 2-126。

图 2-126　企业部门信息进入页面

➢ 点击 新增 ，如图 2-127。

图 2-127　企业部门信息

➢ 在打开的"企业部门信息（新增）"窗口中填写企业部门信息，填写完毕后点击右下角 保存，如图 2-128。

图 2-128　新增企业部门信息

通过 新增 ， 更新， 删除对企业部门信息进行增加、修改和删除，填写完成后效果如图 2-129。

图 2-129　企业部门信息（新增/更新/删除）

➤ 企业信息（包括基本信息、重要信息、安全生产管理人员表、特种作业人员、企业场地信息、企业部门信息）填写完毕后，点击右下角 ✓ 提交进行提交，如图 2-130。

➤ 显示⚠提交成功!，点击"确定"完成企业信息录入。

图 2-130　企业信息提交

注:若点击 保存 后左上角提示还需填入的信息，按要求填写并保存后，再点击 ✓ 提交。

2.2.3　提交资料

2.2.3.1　资料提交

➤ 点击"提交资料"按钮上传本企业提交安全标准化申请所需要的资料，如图 2-131。

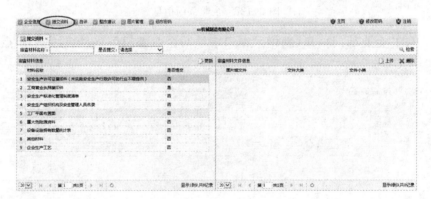

图 2-131　提交资料页面

➤ 选中"安全生产许可证复印件（未实施安全生产许可的企业不需提供）"，点击右上角"上传"按钮，如图 2-132。

图 2-132　资料上传

➢ 在弹出的对话框中点击"浏览"按钮选择电脑本地文件,如图 2-133。

➢ 选择相应文件(示例中文件位于"我的电脑""E盘""安全生产标准化"文件夹内)后点击"打开"按钮,如图 2-134。

➢ 在"文件上传"对话框中点击"上传"按钮进行文件上传,如图 2-135。

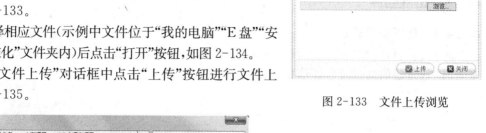

图 2-133　文件上传浏览

图 2-134　选择本地上传文件

图 2-135　文件资料上传

其他材料按上述步骤依次上传,上传完成后效果如图 2-136。

图 2-136　提交资料完成

2.2.3.2　资料查看

➢ 通过"提交资料"上部检索区域可进行材料检索,在"审查材料名称"中输入关键字,点击右侧"检索"按钮即可检索出所需材料,如需要检索"设备设施",如图 2-137。

图 2-137　提交资料检索

选中需要查看的图片或文件,单击可打开预览或保存。

2.2.4 企业自评

2.2.4.1 自评小组成员

➤ 点击"自评"按钮进入自评信息录入界面。企业自评信息界面包括自评小组成员、外聘专家、设施设备信息以及自评信息,如图2-138。

图 2-138 企业自评信息录入

➤ 点击 新增,录入本企业自评小组成员名单。如图 2-139。

图 2-139 自评小组成员

➤ 在打开的"自评小组人员(新增)"窗口中填写自评小组人员信息,填写完毕后点击右下角 保存,如图 2-140。

图 2-140 新增自评小组成员

通过 新增, 更新, 删除对自评小组人员信息进行增加、修改和删除,填写完成后效果如图2-141。

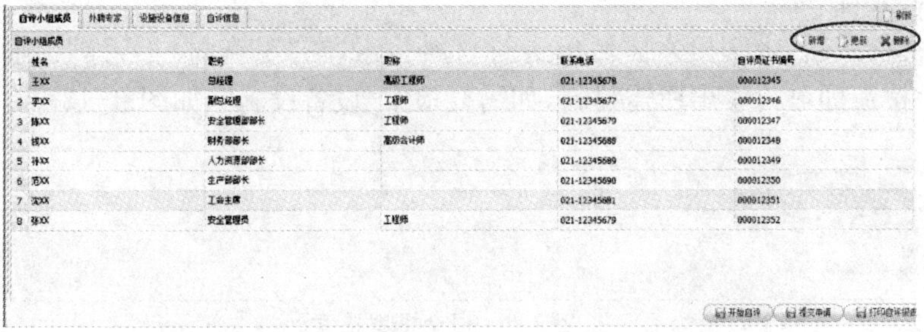

图 2-141 自评小组成员(新增/更新/删除)

2.2.4.2　外聘专家

➤ 点击"外聘专家"按钮录入本企业参与自评的外聘专家名单,如图 2-142。

操作说明同 2.2.4.1。

图 2-142　外聘专家

2.2.4.3　设施设备信息

➤ 点击"设备设施信息"录入本企业所属设备设施的数量信息,如图 2-143。

➤ 在"拥有数"下列各空格中填写对应设备设施的数量,填写完成后点击 保存,如图 2-144。

图 2-143　设施设备信息

图 2-144　设施设备信息填写

2.2.4.4　自评信息

➤ 点击"自评信息"进入自评信息录入界面。自评信息页面包括自评得分、自评时间、自评概述、法律法规符合性综述、现场自评综述以及自评发现的问题概述及纠正情况验证结论。这部分内容需进行完自评后填写。

➤ 点击右下角"开始自评"按钮,如图 2-145。

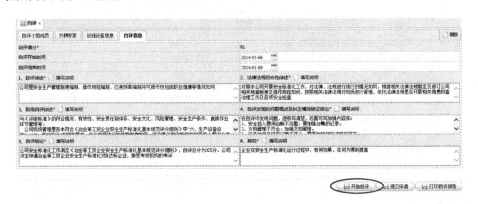

图 2-145　自评信息填写

2.2.4.5　开始自评

➤ 进入界面后,出现"开始自评"选项卡。选项卡中包含"评审得分表"、"评审扣分信息"、"考评条款"、"考评界面"四个部分,如图 2-146。

图 2-146   开始自评

➤ 在"考评条款"界面,点击企业名称及以下各级条款,条款会依此展开。当点击最后一级条款时,"考评界面"会显示出具体的考评方法信息,如图 2-147。

图 2-147   考评条款展开

"考评界面"中显示了最后一级考评条款对应的各项考评信息。在本界面,考评人员可以了解到基本规范要求、企业达标标准要求、单项应得分、实得分、该条款是否符合或空项、评分方式中的具体要求等信息,同时按照相应要求进行评分并填写评审描述。

除上述基本评分功能,本界面还允许考评人员上传照片,作为评审证据,如图 2-148。

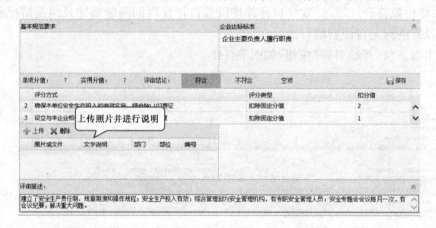

图 2-148   现场图片上传

自评评分流程:
➤ 选中"考评条款"界面中想要考评的最后一级条款,则右侧"考评界面"中出现相应的考评信息,如图 2-149。
➤ 根据实际情况,结合基本规范、企业达标标准及评分方式要求,在"评审结论"中判定"符合"、"不符合"或"空项"。如果判定为"符合"或"空项",则直接保存即可。

图2-149　考评条款选择

> 如果判定为"不符合",评分方式中会显示出复选框。在具体不符合项目的复选框中打钩,如图2-150。

图2-150　不符合条款评分方式选择

> 不符合的扣分方式在操作上存在三种。第一种是每发现一项,扣除固定分值的情况。此时,会出现带有"新增行"按钮的界面。每新增一行,则多扣除一次对应扣分值,如图2-151。

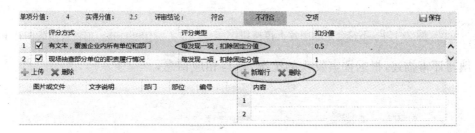

图2-151　不符合条款多项扣分值(新增行)

> 不符合的第二种扣分方式是直接扣除固定分值,与不符合条款的数量无关。此时不会出现带有"新增行"按钮的界面,直接选中复选框即可,如图2-152。

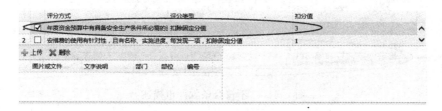

图2-152　不符合条款固定扣分值

> 第三种即当"考评界面"出现"总数、抽查数、不合格数"时,说明本条款按照不合格率进行评分。此时,应完整填写上述信息,以便正确计算出分值,如图2-153。

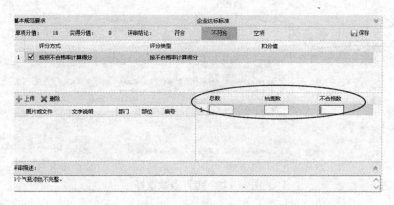

图 2-153　不符合条款抽查扣分(不合格率)

➤ 如果需要上传照片,可以点击"上传"按钮,进入上传界面。在本界面,可以点击"浏览"按钮选择需要上传的照片。并填写文字说明、部门、部位、编号、拍照人/上传人等信息,如图 2-154、图 2-155。

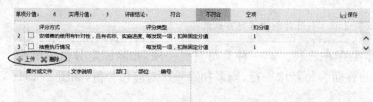

图 2-154　不符合条款图片上传按钮　　　　图 2-155　不符合条款图片上传窗口

➤ 填写评审描述,根据评审发现的情况,填写相应信息,如图 2-156。

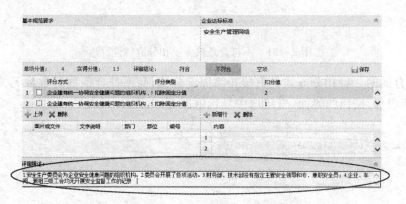

图 2-156　不符合条款评审描述

➤ 点击 保存(图 2-157),同时在页面右下角显示数据保存成功提示信息,若未出现提示信息,请及时检查网络连接情况。

➤ 在"考评界面"输入信息时,每对评审结论进行一次修改应及时点击 保存,以便及时将修改的信息保存到系统中。

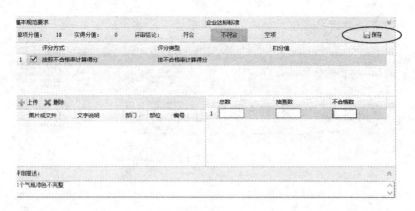

图 2-157 自评信息保存

➤ 完成全部评审条款打分后,关闭"开始自评"选项卡。

➤ 如果评分人员想要查看基本规范要求或企业达标标准,可以点击"企业达标标准"右上角的"贴心按钮",对应信息将展示出来,如图 2-158。

图 2-158 基本规范及企业达标标准查看

➤ 点击"评审得分表"按钮,可以实时查看各级要素的应得分值、实际得分、扣分和空项分情况,如图 2-159。

图 2-159 评审得分表

➤ 点击"评审扣分信息",可以实时查看扣分的各级要素、达标标准要求、标准分、得分、评分方式、评审描述等信息。如果在评审过程中上传了问题照片并填写相关信息,还可以了解到问题部门、部位并看到照片缩略图,如图 2-160。

2.2.4.6 提交申请

按照上述操作步骤,对基础管理 15 个自评项目、设备设施 51 个自评项目及作业环境与职业健康 9 个自评项目分别展开自评,然后返回"自评信息"界面,填写自评日期、自评综述等信息,填写完毕点击"提交申请"按钮进行提交,如图 2-161。

图 2-160　评审扣分信息

图 2-161　提交申请

2.2.5　打印自评报告

➤ 点击"打印自评报告",打开自评报告打印界面。勾选所需打印的材料,点击"打印所选",即可从默认打印机上打印出自评报告。点击"全选"、"反选"按钮可对材料进行全部选择或相反选择,点击"导出所选"可将勾选的自评材料导出为电子版本,如图 2-162。

图 2-162　自评报告打印

2.2.6　图片管理

➤ 点击"图片管理"按钮显示图片管理界面,点击右上角"批量上传"按钮,如图 2-163。

图 2-163　图片批量上传

➢ 填写项目和拍照人后点击"上传"按钮，如图 2-164（系统自动将上传的照片转换为 800 像素×600 像素，因此拍照相机宜选择最低像素模式，以提高上传的速度；此外，相机拍照保存图片格式选择为 jpg）。

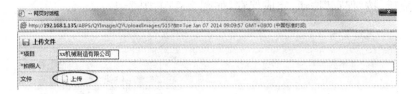

图 2-164　图片批量上传

➢ 出现上传对话框后，点击"上传图片"按钮，如图 2-165。

图 2-165　图片上传窗口　　　　　　图 2-166　本地文件选择上传

➢ 找到电脑中需要上传的图片，全部选中后，点击"打开"，如图 2-166。
上传图片对话框中显示上传进度，如图 2-167。
上传结束之后显示上传成功提示框，如图 2-168。

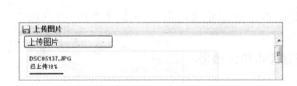

图 2-167　文件上传进度显示　　　　　　图 2-168　文件上传成功提示

通过更新，删除可对各图片进行信息更新或删除，如图 2-169。

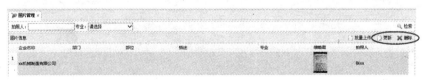

图 2-169　上传文件（更新/删除）

➢ 选中图片,点击"更新"按钮,进入"图片信息(更新)"对话框。在这个界面可以填写对象、部门、部位、编号、问题描述、专业、整改与否、拍照人/上传人、整改要求、责任部门、计划完成时间和实际完成时间、整改描述等信息。同时还可以通过"浏览"按钮,上传整改后的照片。信息更新完成后,按"保存"按钮,完成保存,如图 2-170、图 2-171。

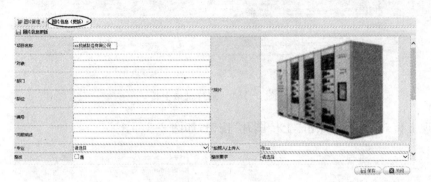

图 2-170　图片信息(更新)

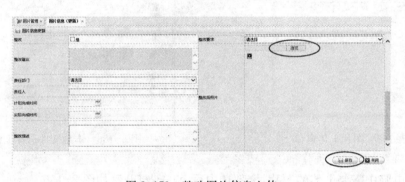

图 2-171　整改图片信息上传

➢ 所有信息填写完成后,按下 保存 ,即可完成信息保存。

2.2.7　整改建议

本项目中的整改建议是指评审单位运用本系统对企业进行了外部评审后,提供给企业的整改建议。

评审结束后,可在"整改建议"界面查看评审单位根据现场情况给出的整改建议,如图 2-172。

通过"拍照人"、"专业"可进行检索,填写需查询的内容至对应的输入框中,点击"检索"按钮进行查询,如图 2-173。

图 2-172　整改建议进入页面

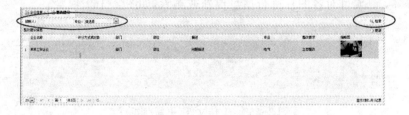

图 2-173　整改图片检索

点击 更新，打开列表中选择的整改建议，填写责任人、计划完成时间、实际完成时间、整改描述并上传整改后的照片，点击 保存。

2.3 小企业安全生产标准化评定标准

2.3.1 用户登录

企业通过安标网网页"企业自评入口"进入自评子系统。进入子系统后默认界面为企业信息页面。

2.3.2 企业信息

企业信息包括基本信息、重要信息、安全生产管理人员表、特种作业人员、企业场地信息以及企业部门信息六个部分内容。

2.3.2.1 基本信息

登录成功之后，即进入如图 2-174 所示的页面。按照要求填写所需的基本信息，带"＊"的项目为必须填写的内容。其中 申请企业＊ 一栏是与企业注册登录系统时所填写的名称一致，如果不一致需填写真实名称。

图 2-174　基本信息填写

➤ 专业＊ 一栏填写时，按行业所属专业填写，有专业安全生产标准化标准的，按标准确定的专业填写，如"冶金"行业中的"炼钢"、"轧钢"专业，"建材"行业中的"水泥"专业，"有色"行业中的"电解铝"、"氧化铝"专业等。

➤ 若存在倒班形式，则需在"是否倒班"一栏中"倒班"前打钩，勾选后出现如图 2-175 所示，填写倒班人数及方式。

图 2-175　倒班人数及方式

➤ 评审类型点击下拉按钮，如图 2-176 所示，出现"初次评审"和"周期性评审"两个选项，根据企业实际选择,若为第一次参与评审则选择"初次评审",若企业已经获得评审证书,则选择"周期评审"。

图 2-176　评审类型

➢ "评审内容"、"行业性质"、"依据标准"、"评审等级"、"判定标准"这五个栏目系统已经进行默认,无需进行修改,如图 2-177。若出现与企业实际情况不符,如行业性质并非小企业应选择其他自评系统进入,参考本书中其他自评系统。

图 2-177　评审内容、行业性质、依据标准、评审等级、判定标准

➢ 若企业之前已经取得小企业安全生产标准化证书,则在"本专业曾取得等级"一栏选择"小企业",若无则无需点击下拉按钮选择,如图 2-178。若企业曾获得过其他标准化等级,在"取得标准化等级"前□内打钩,并填写所获得标准化的名称、专业、等级和时间,认证时间通过点击▦,选择日期,如图 2-179。

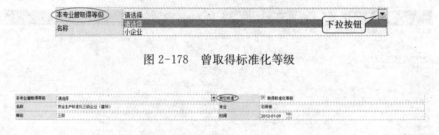

图 2-178　曾取得标准化等级

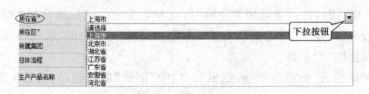

图 2-179　曾取得标准化等级内容填写

注:若企业在"本专业曾取得等级"选择"小企业",则需在图 2-176 所示的"评审类型"选择周期评审。

➢ 如图 2-180 所示通过下拉按钮选择企业所在省、市、区、镇。

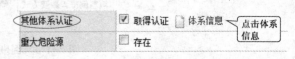

图 2-180　企业所在省选择

➢ 若企业取得其他体系的认证,如 ISO 9000 等,则在"取得认证"前□内打钩,并点击▦体系信息弹出企业体系认证信息页面,如图2-181,图 2-182 所示。

图 2-181　其他体系认证

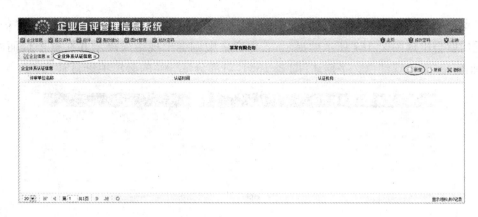

图 2-182　企业体系认证信息

➤ 在图 2-182 所示的页面上点击 新增，弹出企业体系认证信息（新增）页面，如图 2-183 所示，并填写体系名称、认证机构和认证时间，认证时间通过点击 选择日期。填写完整后点击 保存。保存后在企业体系认证信息页面上显示已填写的体系信息，如图 2-184 所示，若需对已填写的体系信息进行修改或删除，则点击 更新 或 删除。

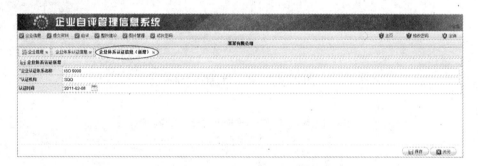

图 2-183　企业体系认证信息（新增）

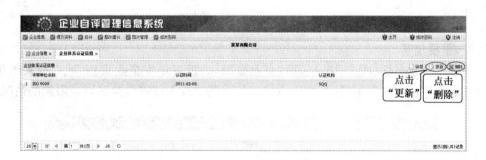

图 2-184　填写完整的企业体系认证信息页面

➤ 若企业生产作业场所存在重大危险源，则需在"重大危险源"一栏"存在"前□内打钩，便会增加"重大危险源内容"一栏，在空白处输入存在的危险源的内容，如图 2-185。

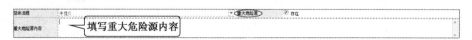

图 2-185　重大危险源

➤ 按照以上描述将基本信息填写完整（图 2-186）后，点击 📄保存 按钮将信息进行保存。保存成功后会出现图 2-187 所示的提示，若保存失败则会出现错误提示并在整个页面的左上方"企业信息"下出现红色文字描述（图 2-188），对部分带"＊"的必填项进行补充。

图 2-186　填写完整的基本信息页面

图 2-187　基本信息保存提示

图 2-188　基本信息保存失败后需填写内容提示

2.3.2.2　重要信息

企业重要信息页面（图 2-189）包括"企业概况"、"近三年本企业重伤、死亡或其他重大生产安全事故和职业病的发生情况"、"安全管理状况"和"有无特殊危险区域或限制的情况"。

图 2-189　重要信息

➤ 在"企业概况"空白处填写，若需了解填写主要内容可点击 📄填写说明，弹出企业概况帮助,如图2-190。

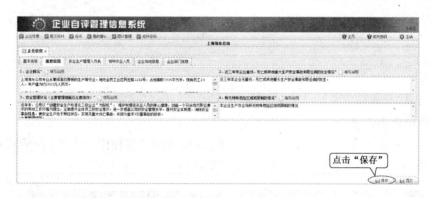

图 2-190　企业概况填写说明

➤ 按照以上描述将重要信息填写完整后,点击 保存 按钮将信息进行保存,如图2-191。

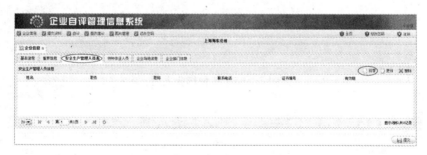

图 2-191　填写完整的重要信息

2.3.2.3　安全生产管理人员表

➤ 在"安全生产管理人员表"页面(图 2-192)点击 新增,弹出"安全管理人员(新增)"页面,填写姓名、职务、职称等信息,点击 保存,如图2-193。

图 2-192　安全生产管理人员表

图 2-193　安全生产管理人员(新增)

➢按照上述添加安全管理人员信息,形成完整的安全生产管理人员信息表,如图 2-194。可通过 📝更新或 ✖删除对已填写的人员信息进行修改或删除。

图 2-194 填写完整的安全生产管理人员页面

2.3.2.4 特种作业人员

➢在"特种作业人员"页面(图 2-195)点击 🗋新增,弹出"特种作业人员(新增)"页面,填写姓名、专业、证书编号等信息,点击 💾保存,如图 2-196。

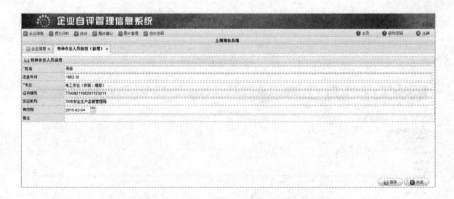

图 2-195 特种作业人员

图 2-196 特种作业人员信息(新增)

➢按照上述添加特种作业人员信息,形成完整的特种作业人员信息表,如图 2-197。可通过 📝更新或 ✖删除对已填写的人员信息进行修改或删除。

图 2-197　填写完整的特种作业人员页面

2.3.2.5　企业场地信息

➤ 在"企业场地信息"页面(图 2-198)点击 新增,弹出"企业场地信息(新增)"页面,填写场地名称、面积、生产区面积、人数等信息,点击 保存,如图 2-199。

图 2-198　企业场地信息

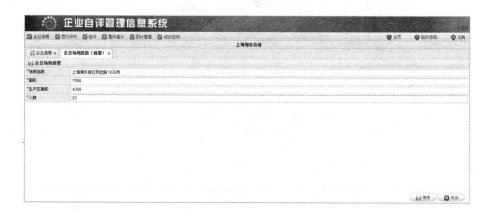

图 2-199　企业场地信息(新增)

➤ 若有多个场所,则继续点击 新增,填写相关信息。填写完整,如图 2-200。可通过 更新或 删除对已填写的人员信息进行修改或删除。

图 2-200　填写完整的企业场地信息页面

2.3.2.6　企业部门信息

➤ 在"企业部门信息"页面(图 2-201)点击 新增 ,弹出"企业部门信息(新增)"页面,填写场地名称、所属场地、面积、部门类别、人数等信息,点击 保存 ,如图 2-202。

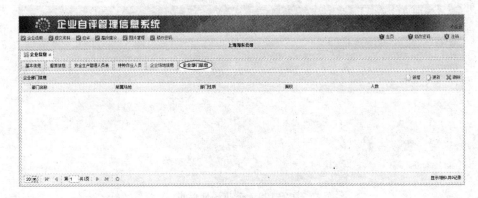

图 2-201　企业部门信息

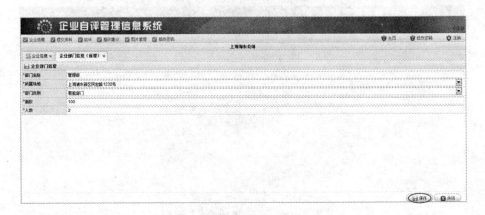

图 2-202　企业部门信息(新增)

按照上述添加企业部门信息,形成完整的企业部门信息表,如图 2-203。可通过 更新 或 删除 对已填写的部门信息进行修改或删除。

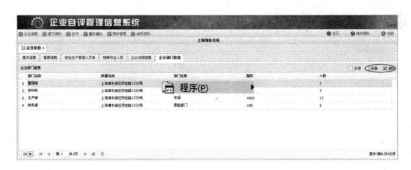

图 2-203　填写完整的企业部门信息页面

➤ 上述 2.3.2.1 节—2.3.2.6 节填写完成后,点击"基本信息"页面右下角的 ☑ 提交,将填写的信息提交形成基础信息,如图 2-204。

图 2-204　企业信息提交

2.3.3　提交资料

➤ "提交资料"页面(图 2-205)中需提供营业执照、安全管理人员名录、特种作业人员名

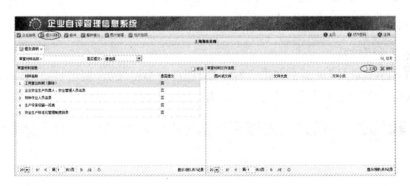

图 2-205　企业提交资料

录、设备设施一览表、安全生产标准化管理制度目录等。点击"上传"按钮,则会弹出图2-206所示的文件上传窗口,点击"浏览"按钮选择路径文件,完成后点击"上传"即可。资料提交完成后则会在"是否提交"一栏下显示"是"。可通过"删除"按钮对已上传的资料进行删除,如图 2-207。

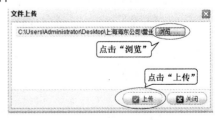

图 2-206　文件上传提示窗口

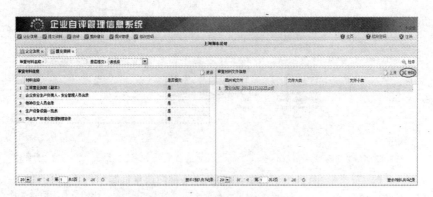

图 2-207　上传完整后的页面

2.3.4　企业自评

在企业自评页面(图 2-208)上需要录入"自评小组成员"、"外聘专家"、"设备设施信息"和
"自评信息"内容。

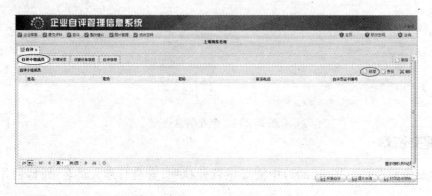

图 2-208　企业自评

2.3.4.1　自评小组成员

➤ 在"自评小组成员"页面中点击 新增,弹出"自评小组成员(新增)"页面,填写场地姓名、
职务、职称、联系方式、是否为组长等信息,点击 保存,如图 2-209。

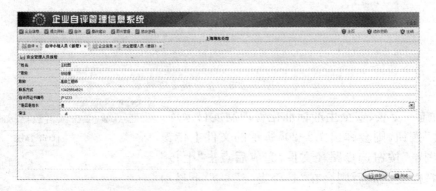

图 2-209　自评小组人员

按照上述添加自评小组成员信息,形成完整的自评人员信息表,如图 2-210。可通过
更新或 删除对已填写的人员信息进行修改或删除。

图 2-210　填写完整的自评小组成员

2.3.4.2　外聘专家

➤ 若企业在自评过程中邀请了外部专家,则可在外聘专家页面(图 2-211)中添加相关信息,点击 新增,弹出"外聘专家(新增)"页面,填写场地姓名、职务、职称、联系方式等信息,点击 保存,如图 2-212。

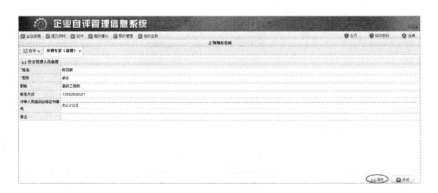

图 2-211　外聘专家

图 2-212　外聘专家(新增)

按照上述添加外聘专家信息,形成完整的外聘专家信息表,如图 2-213。可通过 更新或
删除对已填写的专家信息进行修改或删除。

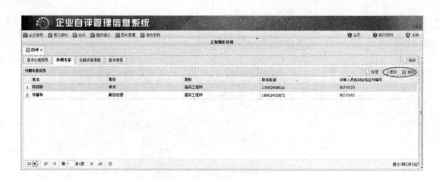

图 2-213　填写完整的外聘专家页面

2.3.4.3　设备设施信息

➤ 点击"设施设备信息"录入本企业所属设备设施的数量信息,如图 2-214。

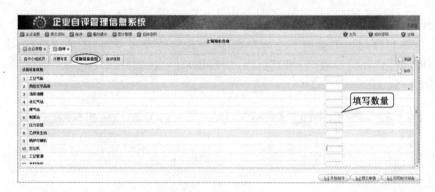

图 2-214　设备设施信息

➤ 在"拥有数"下列各空格中填写对应设备设施的数量,填写完成后点击 保存,如图 2-215。

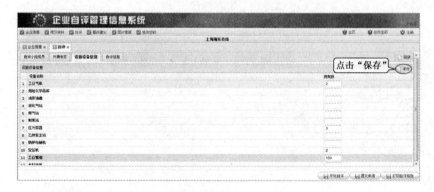

图 2-215　设备设施信息保存

2.3.4.4　自评信息

➤ 点击"自评信息"进入自评信息录入界面(图 2-216)。自评信息页面包括自评得分、自评时间、自评综述、法律法规符合性综述、现场自评综述以及自评发现的问题概述及纠正情况验证结论。这部分内容需进行完自评后填写。

图 2-216　自评信息

➢ 点击右下角"开始自评"按钮,如图 2-217。

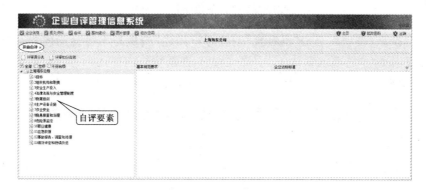

图 2-217　开始自评

2.3.4.5　开始自评

开始自评页面中包含评审标准中所涉及的所有条款,可以通过点击进行逐级展开,未进行自评的条款字体默认为黑色。

对于自评条款的自评结论包含符合、不符合和空项三类。

➢ 符合条款:点击"符合",并点击 保存,如图 2-218。保存成功后会在评审描述内自动形成"符合"结论,同时在页面右下角显示如图所示的数据保存成功提示,该提示会自动消失。

注:每一条款点击"保存"后都会出现保存成功提示,如果未能出现该提示,请及时检查网络情况。

图 2-218　符合条款评分

➢ 不符合条款(固定分值):点击"不符合",选择不符合条款,并在"评审描述"内填写不符合的内容,点击 🔲 保存,如图 2-219。

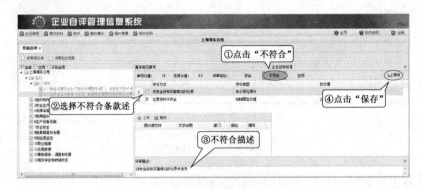

图 2-219　不符合条款评分(固定分值)

➢ 不符合条款(多项):点击"不符合",在"评审描述"内填写不符合的内容,并根据不符合项目的数量点击 ➕新增行(系统默认一个不符合点),在新增行内描述不符合点的主要信息,完成后点击 🔲 保存。同时可以通过 ✖删除对已填写不符合要点删除,如图 2-220。

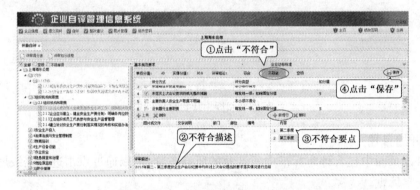

图 2-220　不符合条款评分(多项)

注:在自评过程中,可以点击"贴心按钮"显示企业达标标准具体信息内容,以便查看,如图 2-221。

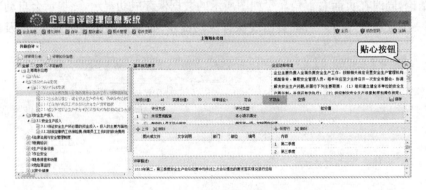

图 2-221　查看企业达标标准

➢ 空项条款:点击"空项",并点击 🔲 保存。保存成功后会在评审描述内自动形成"空项"结论,如图 2-222。

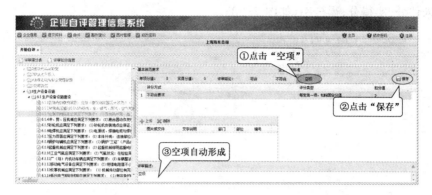

图 2-222　空项条款评分

注:若自评过程中发现不符合评定标准的内容,可通过上传图片的形式以便后续的整改对比。图 2-223 中点击 上传,弹出上传文件窗口(图 2-224),点击 浏览 选择本地文件,在文字说明中填写相关问题,以及完成部门、部位、编号、拍照人等信息。同时通过 删除 按钮对已上传的图片进行删除。

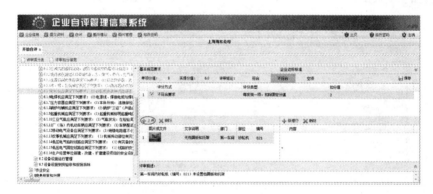

图 2-223　不符合项图片上传

图 2-224　不符合项信息填写

自评完成后,点击"贴心按钮"︿便会在底端弹出自评得分情况,包括总分、空项分、应得分、扣分、未评分、实得分、得分率,如图 2-225。

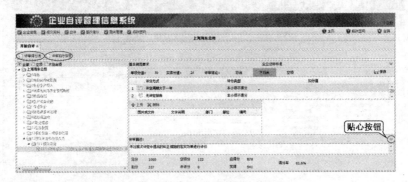

图 2-225　自评结果查看

注:自评过程中也可随时点击"贴心按钮"以便查看评分情况,再次点击贴心按钮评分情况即可隐藏。

➤ 点击"评审得分表"弹出自评得分表页面,页面中包括各个一级要素、二级要素的得分、扣分、空项,如图 2-226。

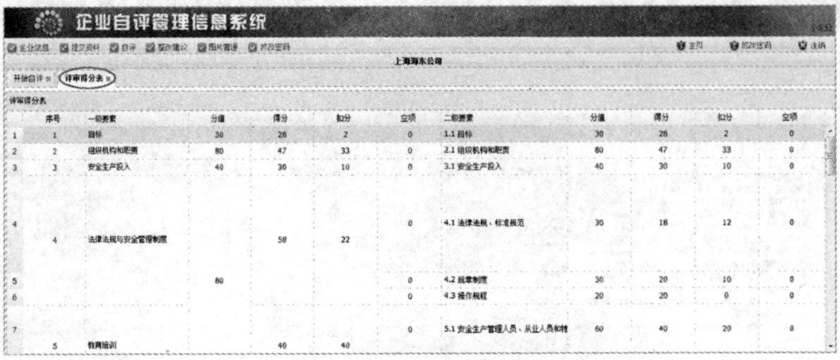

图 2-226　自评得分表

➤ 点击"评审扣分信息"弹出自评扣分信息表页面,页面中包括在自评过程所有扣分的信息以及标准规范要求。

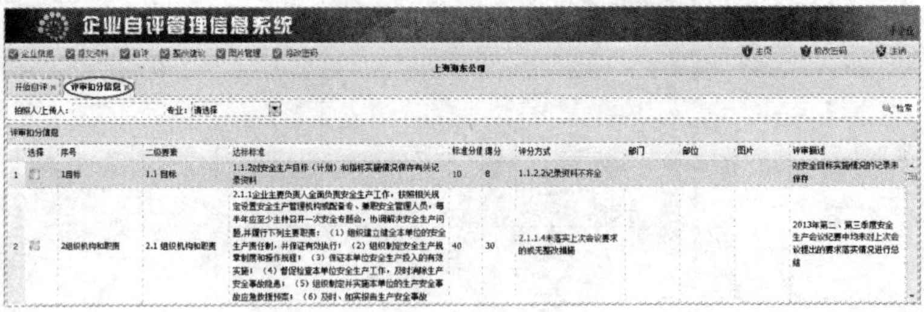

图 2-227　自评扣分信息

2.3.4.6　提交申请

按照上述操作步骤,对 13 个要素各项条款评定完成后,返回"自评信息"界面,自评得分显示"61.6",如图 2-228。

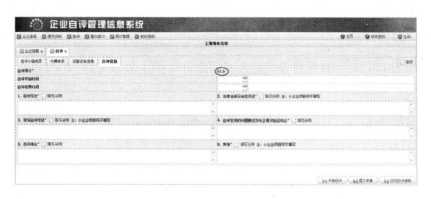

图 2-228　自评得分显示

➤ 选择自评开始时间及自评结束时间,如图 2-229。

图 2-229　自评时间选择

➤ 填写自评综述、自评发现的问题概述及纠正
验证结论及自评结论等内容,通过"填写说明"按钮
可查看该部分填写说明,提示框如图 2-230。

➤ 自评信息填写完毕点击"提交申请"按钮进
行提交,如图 2-231。

> **4. 自评发现的问题概述及纠正情况验证结论**
>
> 在自评中发现问题,逐条写清楚,后面可写加强内容如:
> 1. 安全投入费用台账不完整:要加强台账的记录。
> 2. 文档管理不齐全:加强文档管理。
> 3. 设备验收及报废记录不齐全:需要加强相关流程的落实。
> 4. 隐患排查需要更有针对性。
> 5. 加强承包商管理,需要补充承包商台账。

图 2-230　自评发现的问题概述及纠正
情况验证结论填写说明

图 2-231　自评提交申请

2.3.5　打印自评报告

➤ 点击图 2-231"打印自评报告",打开自评报告打印界面,如图 2-232。

➤ 点击左侧的材料可进行预览。

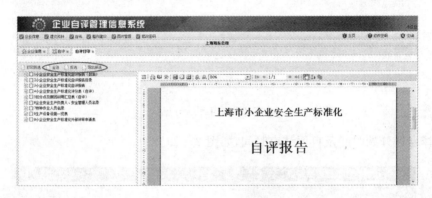

图 2-232　打印自评报告

➤ 勾选所需打印的材料(可选择部分材料进行打印,也可选择全部材料进行打印),点击"全选"、"反选"按钮可对材料进行全部选择或相反选择。

➤ 点击"打印所选",在跳出的提示框中点击"确定",即可从默认打印机上打印出自评报告,如图 2-233。

➤ 点击"导出所选"可将勾选的自评材料导出为电子版本。

注:自评报告打印以后,自评内容不可修改。

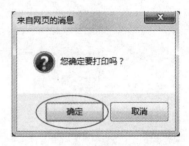

图 2-233　自评报告打印确认框

2.3.6　整改建议

外部评审结束后,可在"整改建议"界面查看评审单位根据现场情况给出的整改建议。具体操作步骤同 2.1 节。

2.3.7　图片管理

➤ 在企业自评主页面中点击"图片管理"按钮显示图片管理界面,如图 2-234。在此页面

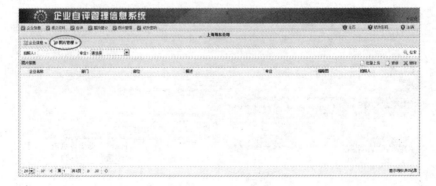

图 2-234　图片管理

中企业可完成自评过程中发现问题图片的批量上传，并对图片内容进行描述，以及后续整改完成后图片的对比等。

具体操作步骤同 2.1 节。

2.4　其他行业评定标准

2.4.1　建材行业

建材行业主要包括非金属矿物制品业中水泥、石灰和石膏制造；石膏、水泥制品及类似制品制造；砖瓦、石材等建筑材料制造；玻璃制造；玻璃纤维和玻璃纤维增强塑料制品制造；耐火材料制品制造；石墨及其他非金属矿物制品制造和卫生陶瓷制品制造等企业。

目前，国家安全生产监督管理总局已经发布的建材行业安全生产标准化专业评定标准有《建筑卫生陶瓷企业安全生产标准化评定标准》、《平板玻璃企业安全生产标准化评定标准》、《水泥企业安全生产标准化评定标准》、《石膏板生产企业安全生产标准化评定标准》。对于未发布专业标准的其它类型企业的安全生产标准化评定可参考《冶金等工贸企业安全生产标准化基本规范评分细则》。

针对已发布的各评定标准，本节分别描述采用企业自评子系统进行自评的主要流程。

2.4.1.1　建筑卫生陶瓷企业安全生产标准化评定标准

《建筑卫生陶瓷企业安全生产标准化评定标准》适用于具有完整生产线的陶瓷砖、卫生陶瓷、烧结瓦及建筑琉璃等陶瓷制品的生产企业。

进入自评子系统后，默认为企业信息页面。

（1）企业信息

企业信息页面包括企业基本信息、重要信息、安全生产管理人员、特种作业人员、企业场地信息以及企业部门信息内容。图 2-235 显示基本信息页面。

图 2-235　填写基本信息

➢ 在基本信息页面的行业性质一栏中通过下拉按钮选择"建材"，如图 2-236。

➢ 在基本信息页面的依据标准一栏中通过下拉按钮选择《建筑卫生陶瓷企业安全生产标准化评定标准》，如图 2-237。

图 2-236 行业性质选择

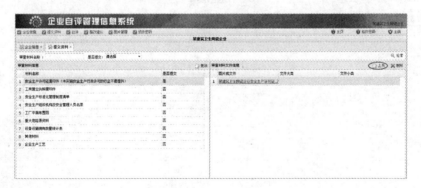

图 2-237 选择建筑卫生陶瓷企业评定标准

➤ 基本信息保存完成后,通过点击栏目名称进入各自填写页面,依次填写重要信息、安全生产管理人员、特种作业人员、企业场地信息和企业部门信息等。

(2)提交资料

提交资料菜单需要企业上传申报报告中所需的材料,包含安全生产许可证、营业执照、安全生产管理制度清单、管理人员清单、工厂平面布置图、重大危险源资料、设施设备表、生产工艺等。

➤ 通过"上传"按钮依次导入相关资料,如图 2-238。

图 2-238 提交资料

(3)自我评定

➤ 在开始自评前首先需录入自评小组成员、外聘专家、设施设备信息内容。填写完成后在自评信息页面中点击"开始自评"按钮,如图 2-239。

图 2-239　自评信息页面

➤ 进入开始自评页面后,通过左侧树菜单选择"评定条款",点击"评审结论"(符合/不符合/空项),选"择评分方式",在评审描述框内填写评审事实,点击 保存,如图 2-240。

图 2-240　条款评定

➤ 对 13 个要素条款进行评定完成后,返回自评信息页面(图 2-239)选择自评时间、填写自评相关信息,包括自评综述、法律法规符合性评价、现场自评综述、自评发现的问题等,点击"提交申请",完成自我评定。

（4）打印报告

➤ 提交申请完成后,点击图 2-239 页面"打印自评报告",进入自评打印页面,如图 2-241。

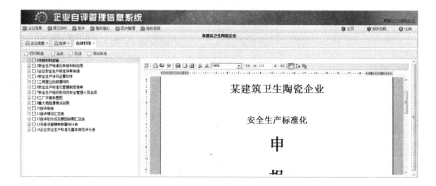

图 2-241　打印自评报告

➤ 通过点击左侧自评报告清单，对报告内容进行预览，如图 2-242、图 2-243、图 2-244。对自评报告内容确认无误后，点击"全选"、"打印所选"打印自评报告。

图 2-242　评审申请自评结论预览

图 2-243　自评扣分点及原因说明汇总预览

图 2-244　自评评分表预览

2.4.1.2　平板玻璃企业安全生产标准化评定标准

《平板玻璃企业安全生产标准化评定标准》适用于平板玻璃生产企业。

进入自评子系统后，默认为企业信息页面。

（1）企业信息

企业信息页面包括企业基本信息、重要信息、安全生产管理人员、特种作业人员、企业场地信息以及企业部门信息内容,图 2-245 显示基本信息页面。

图 2-245　填写基本信息

➤ 在基本信息页面的行业性质一栏中通过下拉按钮选择"建材",如图 2-246。

图 2-246　行业性质选择

➤ 在基本信息页面的依据标准一栏中通过下拉按钮选择"《平板玻璃企业安全生产标准化评定标准》",如图 2-247。

图 2-247　选择平板玻璃企业评定标准

➤ 基本信息保存完成后,通过点击栏目名称进入各自填写页面,依次填写重要信息、安全生产管理人员、特种作业人员、企业场地信息和企业部门信息等。

（2）提交资料

提交资料菜单需要企业上传申报报告中所需的材料，包含安全生产许可证、营业执照、安全生产管理制度清单、管理人员清单、工厂平面布置图、重大危险源资料、设施设备表、生产工艺等。

➤ 通过"上传"按钮依次导入相关资料，如图 2-248。

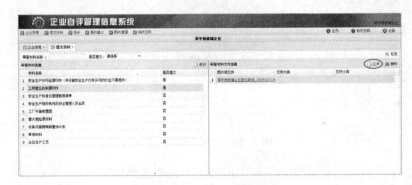

图 2-248　提交资料

（3）自我评定

➤ 在开始自评前首先需要录入自评小组成员、外聘专家、设施设备信息内容。填写完成后在自评信息页面中点击"开始自评"按钮，如图 2-249。

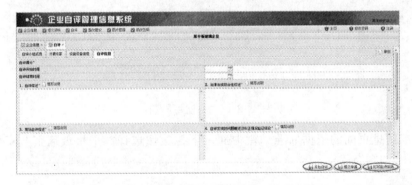

图 2-249　自评信息

➤ 进入开始自评页面后，通过左侧树菜单选择评定条款，点击"评审结论"（符合、不符合、空项），选择"评分方式"，在评审描述框内填写评审事实，点击 保存，如图 2-250。

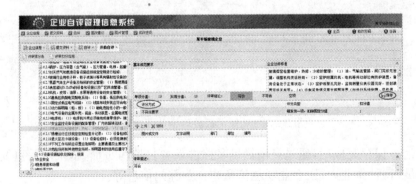

图 2-250　条款评定

➤ 对评定标准中13个要素的条款进行评定完成后,返回图2-249自评信息页面选择自评时间、填写自评相关信息,包括自评综述、法律法规符合性评价、现场自评综述、自评发现的问题等,点击"提交申请",完成自我评定。

（4）打印报告

➤ 提交申请完成后,点击图2-249页面"打印自评报告",进入自评打印页面,如图2-251。

图 2-251　打印自评报告

➤ 通过点击左侧自评报告清单,对报告内容进行预览,如图2-252,图2-253,图2-254。对自评报告内容确认无误后,点击"全选"、"打印所选"打印自评报告。

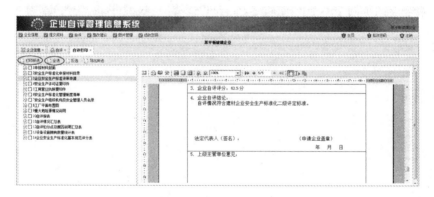

图 2-252　评审申请自评结论预览

图 2-253　自评扣分点及原因说明汇总预览

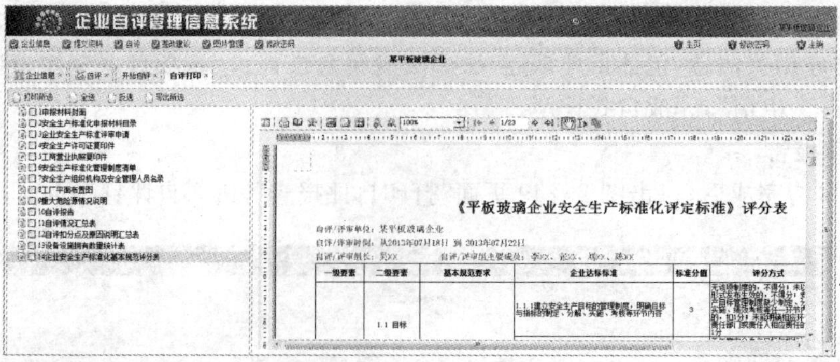

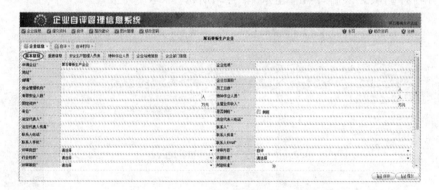

图 2-254　自评评分表预览

2.4.1.3　石膏板生产企业安全生产标准化评定标准

《石膏板生产企业安全生产标准化评定标准》适用于具有完整纸面石膏板生产线的企业，国家明令工艺落后、等量淘汰的石膏板生产企业不适用本标准。

进入自评子系统后，默认为企业信息页面。

（1）企业信息

企业信息页面包括企业基本信息、重要信息、安全生产管理人员、特种作业人员、企业场地信息以及企业部门信息内容。图 2-255 显示基本信息页面。

图 2-255　填写基本信息

➢ 在基本信息页面的行业性质一栏中通过下拉按钮选择"建材"，如图 2-256。

图 2-256　行业性质选择

➢ 在基本信息页面的依据标准一栏中通过下拉按钮选择"《石膏板生产企业安全生产标准化评定标准》",如图 2-257。

图 2-257　选择石膏板生产企业评定标准

➢ 基本信息保存完成后,通过点击栏目名称进入各自填写页面,依次填写重要信息、安全生产管理人员、特种作业人员、企业场地信息和企业部门信息等。

（2）提交资料

提交资料菜单需要企业上传申报报告中所需的材料,包含安全生产许可证、营业执照、安全生产管理制度清单、管理人员清单、工厂平面布置图、重大危险源资料、设备设施表、生产工艺等。

➢ 通过"上传"按钮依次导入相关资料,如图 2-258。

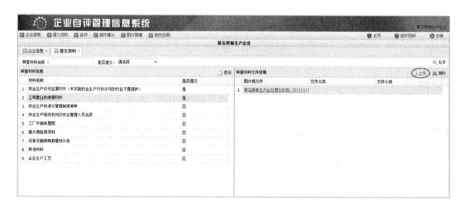

图 2-258　提交资料

（3）自我评定

➢ 在开始自评前首先需录入自评小组成员、外聘专家、设施设备信息内容。填写完成后在自评信息页面中点击"开始自评"按钮,如图 2-259。

➢ 进入开始自评页面后,通过左侧树菜单选择评定条款,点击评审结论（符合、不符合、空项）,选择评分方式,在评审描述框内填写评审事实,点击 保存,如图 2-260。

➢ 对 13 个要素条款进行评定完成后,返回自评信息页面（图 2-259）选择自评时间、填写自评相关信息,包括自评综述、法律法规符合性评价、现场自评综述、自评发现的问题等,点击"提交申请",完成自我评定。

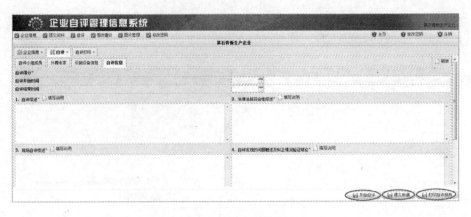

图 2-259　自评信息

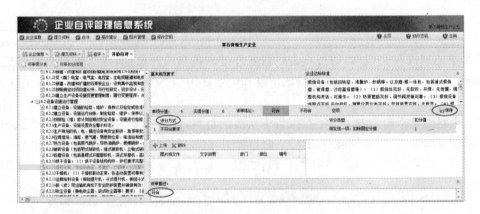

图 2-260　条款评定

（4）打印报告

➤ 提交申请完成后，点击图 2-259 页面"打印自评报告"，进入自评打印页面，如图 2-261。

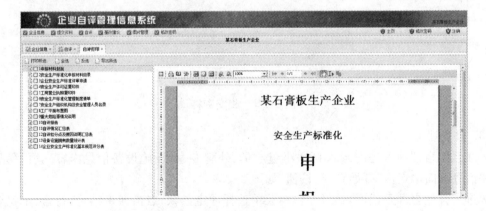

图 2-261　打印自评报告

➤ 通过点击左侧自评报告清单，对报告内容进行预览，如图 2-262，图 2-263，图 2-264。对自评报告内容确认无误后，点击"全选"、"打印所选"打印自评报告。

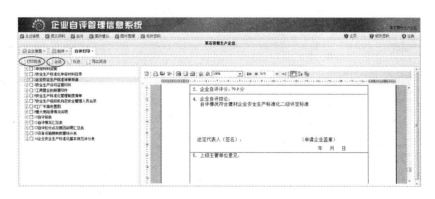

图 2-262　评审申请自评结论预览

图 2-263　自评扣分点及原因说明汇总预览

图 2-264　自评评分表预览

2.4.1.4　水泥企业安全生产标准化评定标准

《水泥企业安全生产标准化评定标准》适用于具有完整水泥生产线企业、生产水泥熟料企业及水泥粉磨站等企业,存在国家明令淘汰工艺的水泥生产企业不适用该评定标准。

进入自评子系统后,默认为企业信息页面。

（1）企业信息

企业信息页面包括企业基本信息、重要信息、安全生产管理人员、特种作业人员、企业场地信息以及企业部门信息内容。图 2-265 显示基本信息页面。

图 2-265　填写基本信息

➤ 在基本信息页面的行业性质一栏中通过下拉按钮选择"建材",如图 2-266。

图 2-266　行业性质选择

➤ 在基本信息页面的依据标准一栏中通过下拉按钮选择"《水泥企业安全生产标准化评定标准》",如图 2-267。

图 2-267　选择水泥企业评定标准

➤ 基本信息保存完成后,通过点击栏目名称进入各自填写页面,依次填写重要信息、安全生产管理人员、特种作业人员、企业场地信息和企业部门信息等。

（2）提交资料

提交资料菜单需要企业上传申报报告中所需的材料,包含安全生产许可证、营业执照、安全生产管理制度清单、管理人员清单、工厂平面布置图、重大危险源资料、设备设施表、生产工艺等。

➤ 通过"上传"按钮依次导入相关资料，如图 2-268。

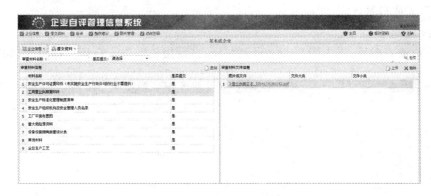

图 2-268　提交资料

（3）自我评定

➤ 在开始自评前首先需录入自评小组成员、外聘专家、设施设备信息内容。填写完成后在自评信息页面中点击"开始自评"按钮，如图 2-269。

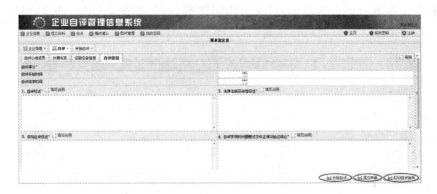

图 2-269　自评信息页面

➤ 进入开始自评页面后，通过左侧树菜单选择评定条款，点击"评审结论"（符合、不符合、空项），选择"评分方式"，在评审描述框内填写评审事实，点击 保存，如图 2-270。

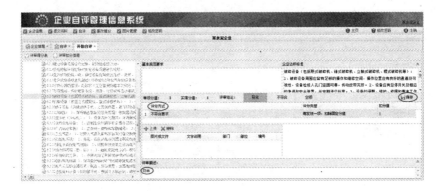

图 2-270　条款评定

➤ 对 13 个要素条款进行评定完成后,返回自评信息页面(图 2-269)选择自评时间、填写自评相关信息,包括自评综述、法律法规符合性评价、现场自评综述、自评发现的问题等,点击"提交申请",完成自我评定。

(4) 打印报告

➤ 提交申请完成后,点击图 2-269 页面"打印自评报告",进入自评打印页面,如图 2-271。

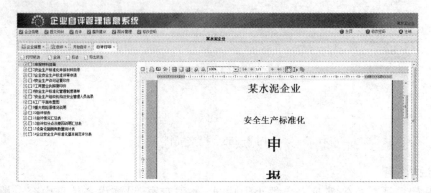

图 2-271　打印自评报告

➤ 通过点击左侧自评报告清单,对报告内容进行预览,如图 2-272,图 2-273,图 2-274。对自评报告内容确认无误后,点击"全选"、"打印所选"打印自评报告。

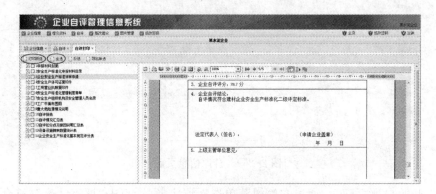

图 2-272　评审申请自评结论预览

图 2-273　自评扣分点及原因说明汇总预览

图 2-274　自评评分表预览

2.4.2　轻工行业

轻工行业企业包括橡胶和塑料制品企业,造纸和纸制品企业,文教、美工、体育和娱乐用品制造企业,食品制造企业,造酒企业,饮料制造企业,精制茶制造企业,家具制造企业,皮革、毛皮、羽毛及其制品和制鞋企业等。

国家安全生产监督管理局已经发布的专业评定标准有《造纸企业安全生产标准化评定标准》、《饮料生产企业安全生产标准化评定标准》、《酒类(葡萄酒、露酒)生产企业安全生产标准化评定标准》、《白酒生产企业安全生产标准化评定标准》、《啤酒生产企业安全生产标准化评定标准》、《调味品生产企业安全生产标准化评定标准》、《乳制品生产企业安全生产标准化评定标准》、《食品生产企业安全生产标准化评定标准》。未发布专业评定标准的企业安全生产标准化评定参考《冶金等工贸企业安全生产标准化基本规范评分细则》,下面以食品生产企业为例,描述应用自评子系统进行自评的主要流程。

《食品生产企业安全生产标准化评定标准》适用于食品加工、罐头生产、面粉、食品发酵、烘焙加工和食用油加工等企业,糖果、非酒精饮料、医药行业的非危险化学品企业以及保健品企业参照执行。

进入自评子系统后,默认为企业信息页面。

(1) 企业信息

企业信息页面包括企业基本信息、重要信息、安全生产管理人员、特种作业人员、企业场地信息以及企业部门信息内容。图 2-275 显示基本信息页面。

图 2-275　填写基本信息

➤ 在基本信息页面的行业性质一栏中通过下拉按钮选择"轻工",如图 2-276。

图 2-276　行业性质选择

➤ 在基本信息页面的依据标准一栏中通过下拉按钮选择"《食品生产企业安全生产标准化评定标准》",如图 2-277。

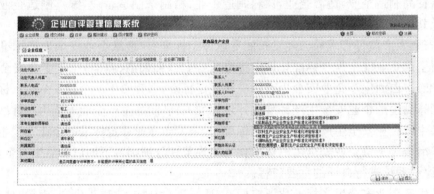

图 2-277　选择食品生产企业评定标准

➤ 基本信息保存完成后,通过点击栏目名称进入各自填写页面,依次填写重要信息、安全生产管理人员、特种作业人员、企业场地信息和企业部门信息等。

(2) 提交资料

➤ 提交资料菜单需要企业上传申报报告中所需的材料,包含安全生产许可证、营业执照、安全生产管理制度清单、管理人员清单、工厂平面布置图、重大危险源资料、设备设施表、生产工艺等。

➤ 通过"上传"按钮依次导入相关资料,如图 2-278。

(3) 自我评定

➤ 在开始自评前首先需录入自评小组成员、外聘专家、设施设备信息内容。填写完成后在自评信息页面中点击"开始自评"按钮,如图 2-279。

➤《食品生产企业安全生产标准化评定标准》在"6.2 设备设施运行管理"部分中"专用设备(一)至(六)"分别列举了食品加工、罐头生产、面粉、食品发酵、烘焙加工、食用油加工等六类专用设备,每类专用设备均为 30 分,企业根据各自生产性质选择其中一类进行评定,其他类别不再评定、分数不计入总分。

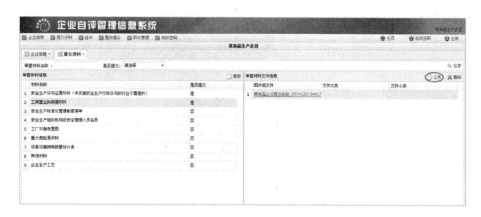

图 2-278　提交资料

图 2-279　自评信息

➤ 展开左侧"6.2设备设施运行管理评定要素",点击"设置相同项"按钮选择专业设备中的一项进行评定,如图 2-280。

图 2-280　设置相同项

➤ 在弹出的对话框中选择相同项名称(如专用设备),并勾选需要评定的设备(如食品加工),如图 2-281。

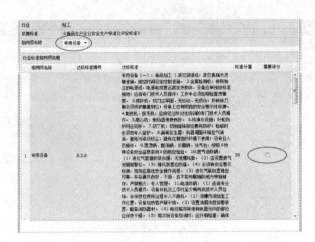

图 2-281　专用设备选择

➤ 选定评定的专业设备后,返回评分界面,点击"6.2.6 专用设备(一):食品加工……",如图 2-282。

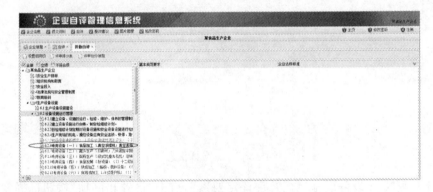

图 2-282　专用设备条款

➤ 假设企业食品加工设备符合标准要求,点击"符合",再点击🔲 保存,如图 2-283。

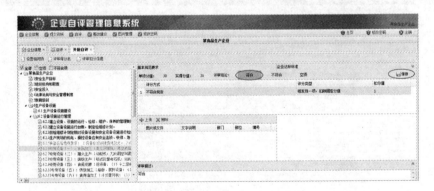

图 2-283　专用设备条款评定

➤ 对于其他专用设备则不能进行评定,如若点击"6.2.7 专用设备(二):罐头生产……", 系统提示"该达标标准为非评分项",如图 2-284。

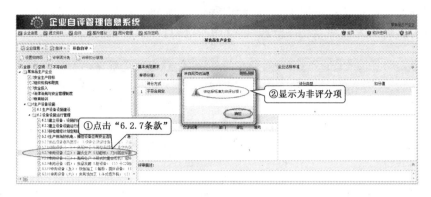

图 2-284　其他专用设备选择评定

➢ 点击"确定",界面中没有评分方式选项(符合、不符合、空项)和 保存,如图 2-285。

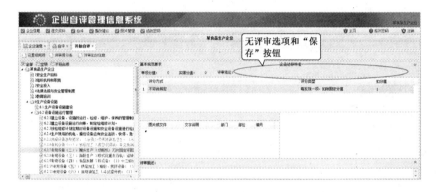

图 2-285　其他专用设备评定(无评审选项)

➢ 对 13 个要素条款进行评定完成后,返回自评信息页面(图 2-279)选择自评时间、填写自评相关信息,包括自评综述、法律法规符合性评价、现场自评综述、自评发现的问题等,点击"提交申请",完成自我评定。

(4) 打印报告

➢ 提交申请完成后,点击图 2-279 页面"打印自评报告",进入自评打印页面,如图 2-286。

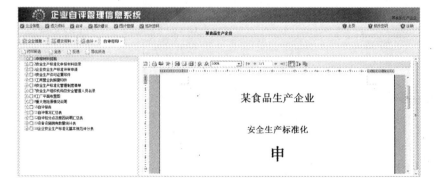

图 2-286　打印自评报告

通过点击左侧自评报告清单,对报告内容进行预览,如图 2-287,图 2-288,图 2-289。对自评报告内容确认无误后,点击"全选"、"打印所选"打印自评报告。

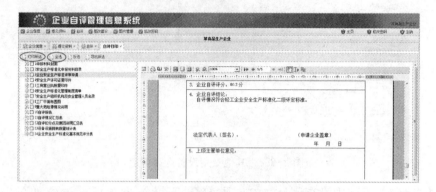

图 2-287 评审申请自评结论预览

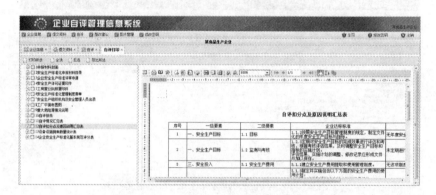

图 2-288 自评扣分点及原因说明汇总预览

图 2-289 自评评分表预览

2.4.3 纺织行业

纺织行业企业包括纺织企业、纺织服装服饰企业,国家安全生产监督管理总局已经发布的安全生产标准化评定标准有《纺织企业安全生产标准化评定标准》和《服装生产企业安全生产标准化评定标准》,对于未发布专业评定标准的企业安全生产标准化创建可参考《冶金等工贸企业安全生产标准化基本规范评分细则》,下面以纺织企业为例,描述应用自评子系统进行自评的主要流程。

《纺织企业安全生产标准化评定标准》适用于棉纺、织造、化纤、染整、成衣等纺织企业,其他纺织企业参照执行。

进入自评子系统后,默认为企业信息页面。

(1)企业信息

企业信息页面包括企业基本信息、重要信息、安全生产管理人员、特种作业人员、企业场地信息以及企业部门信息内容。图 2-290 显示基本信息页面。

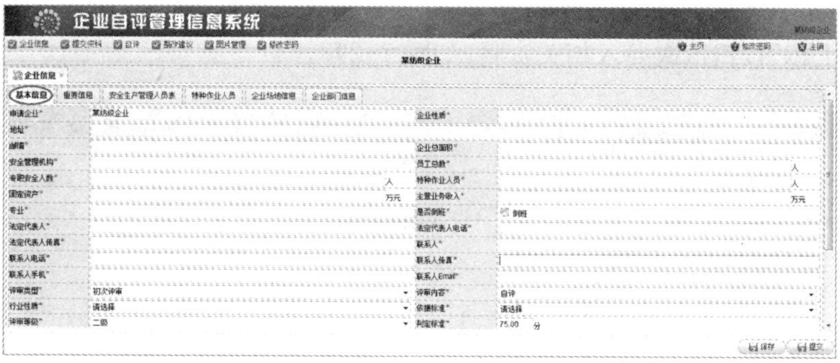

图 2-290 填写基本信息

➤ 在基本信息页面的行业性质一栏中通过下拉按钮选择"纺织",如图 2-291。

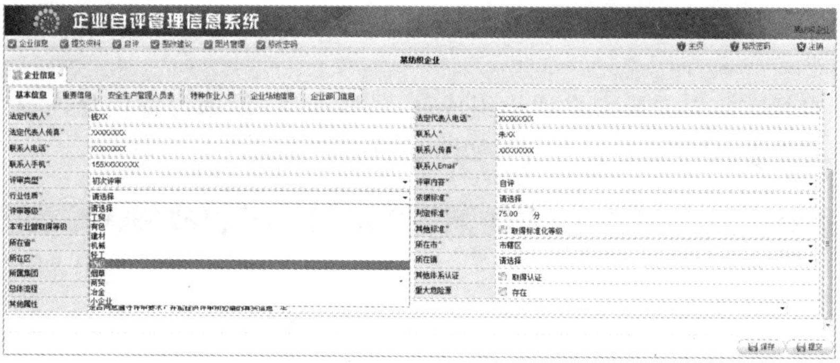

图 2-291 选择纺织行业

➤ 在基本信息页面的依据标准一栏中通过下拉按钮选择"《纺织企业安全生产标准化评定标准》",如图 2-292。

➤ 基本信息保存完成后,通过点击栏目名称进入各自填写页面,依次填写重要信息、安全生产管理人员、特种作业人员、企业场地信息和企业部门信息等。

(2)提交资料

提交资料菜单需要企业上传申报报告中所需的材料,包含安全生产许可证、营业执照、安全生产管理制度清单、管理人员清单、工厂平面布置图、重大危险源资料、设备设施表、生产工艺等。

图 2-292　选择纺织企业评定标准

➤ 通过"上传"按钮依次导入相关资料，如图 2-293。

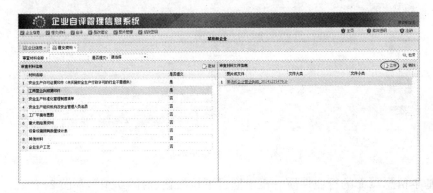

图 2-293　提交资料

（3）自我评定

➤ 在开始自评前首先需录入自评小组成员、外聘专家、设施设备信息内容。填写完成后在自评信息页面中点击"开始自评"按钮，如图 2-294。

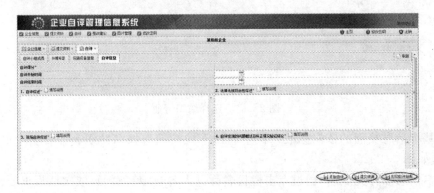

图 2-294　自评信息

《纺织企业安全生产标准化评定标准》在"6.2 设备设施运行管理二级评定"要素中"专用设备（一）至（五）"分别列举了棉纺、织造、化纤、染整、成衣等五类专用设备，每类专用设备均为40分。同样在"7.1 生产现场管理和生产过程控制二级评定"要素中"生产过程控制（一）至（五）"

也分别列举了棉纺、织造、化纤、染整、成衣等五类生产过程控制要求,每类生产过程控制均为 40 分。企业根据各自生产性质选择一类条款进行评定,其他类别不再评定、分数不计入总分。

➤ 在开始自评页面(图 2-295)点击"设置相同项"按钮,在弹出的相同项窗口通过下拉按钮分别按照企业类别选择"专业设备"/"生产控制过程"中的一项进行评定,如图 2-296,图 2-297。

图 2-295　开始自评

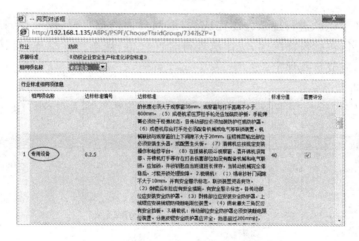

图 2-296　专用设备选择

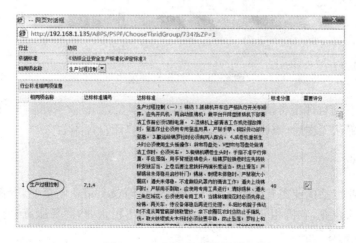

图 2-297　生产过程控制选择

专用设备与生产过程控制的选择必须保持一致,如专用设备选择"6.2.1(一):棉纺",则生产过程控制必须选择"7.1.4(一):棉纺"。

➢ 假设企业棉纺专用设备能够符合标准要求,点击"符合",再点击"保存"按钮,完成该条款的评定,而对于其他专用设备则不能进行评定,系统条款显示为红色,如图 2-298。

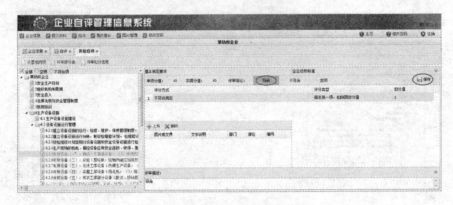

图 2-298　专用设备条款评定

➢ 对 13 个要素条款进行逐条评定完成后,返回自评信息页面(图 2-294)选择自评时间、填写自评相关信息,包括自评综述、法律法规符合性评价、现场自评综述、自评发现的问题等,点击"提交申请",完成自我评定。

(4) 打印报告

➢ 提交申请完成后,点击图 2-294 页面"打印自评报告",进入自评打印页面,如图 2-299。

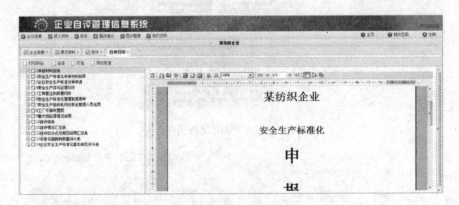

图 2-299　打印自评报告

➢ 通过点击左侧自评报告清单,对报告内容进行预览,如图 2-300,图 2-301,图 2-302。对自评报告内容确认无误后,点击"全选"、"打印所选"打印自评报告。

2.4.4　商贸行业

商贸行业企业包括商业零售经营企业,谷物、棉花等农产品仓储企业,仓储公司,一般性旅馆,星级饭店,餐饮企业,农机租赁企业,文化及日用品出租企业,商务服务企业,会议及展览服务企业,洗浴服务企业等。

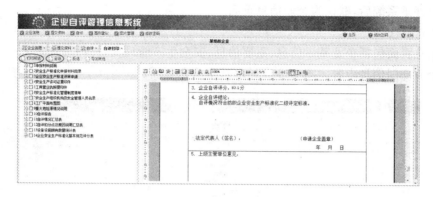

图 2-300 评审申请自评结论预览

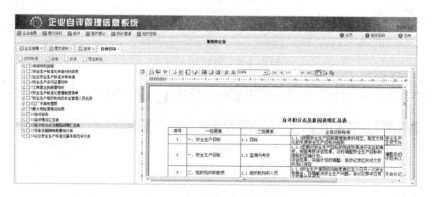

图 2-301 自评扣分点及原因说明汇总预览

图 2-302 自评评分表预览

国家安全生产监督管理总局已经发布的安全生产标准化评定标准有《仓储物流企业安全生产标准化评定标准》、《酒店业企业安全生产标准化评定标准》、《商场企业安全生产标准化评定标准》,商贸行业其他类型企业的安全生产标准化评定参考《冶金等工贸企业安全生产标准化基本规范评分细则》,下面以商场企业为例,描述应用自评子系统进行自评的主要流程。

《商场企业安全生产标准化评定标准》适用于百货商场、超级市场等相关企业,其他商业企业可参照执行。

进入自评子系统后,默认为企业信息页面。

(1) 企业信息

企业信息页面包括企业基本信息、重要信息、安全生产管理人员、特种作业人员、企业场地信息以及企业部门信息内容。图 2-303 显示基本信息页面。

图 2-303　填写基本信息

➤ 在基本信息页面的行业性质一栏中通过下拉按钮选择"商贸",如图 2-304。

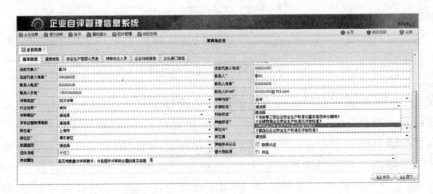

图 2-304　行业性质选择

➤ 在基本信息页面的依据标准一栏中通过下拉按钮选择"《商场企业安全生产标准化评定标准》",如图 2-305。

图 2-305　选择商场企业评定标准

基本信息保存完成后，通过点击栏目名称进入各自填写页面，依次填写重要信息、安全生产管理人员、特种作业人员、企业场地信息和企业部门信息等。

（2）提交资料

提交资料菜单需要企业上传申报报告中所需的材料，包含安全生产许可证、营业执照、安全生产管理制度清单、管理人员清单、工厂平面布置图、重大危险源资料、设备设施表、生产工艺等。

➤ 通过"上传"按钮依次导入相关资料，如图2-306。

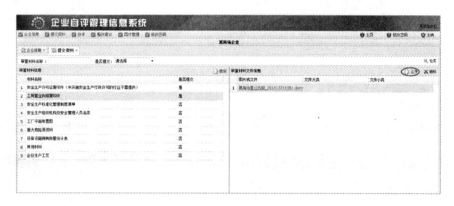

图2-306　提交资料

（3）自我评定

➤ 在开始自评前首先需要录入自评小组成员、外聘专家、设施设备信息内容。填写完成后在自评信息页面中点击"开始自评"按钮，如图2-307。

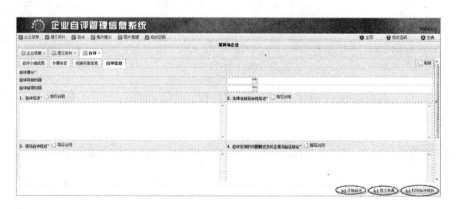

图2-307　自评信息

➤ 进入开始自评页面后，通过左侧树菜单选择评定条款，点击"评审结论"（符合、不符合、空项），选择"评分方式"，在评审描述框内填写评审事实（若评审结论为符合或空项则无需填写，系统自动形成符合或空项），点击"保存"，如图2-308。

➤ 对评定标准中13个要素的条款进行评定完成后，返回图2-307自评信息页面选择自评时间、填写自评相关信息，包括自评综述、法律法规符合性评价、现场自评综述、自评发现的问题等，点击"提交申请"，完成自我评定。

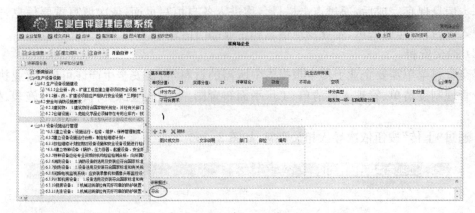

图 2-308 条款评定

（4）打印报告

➤ 提交申请完成后，点击图 2-307 页面"打印自评报告"，进入自评打印页面，如图 2-309。

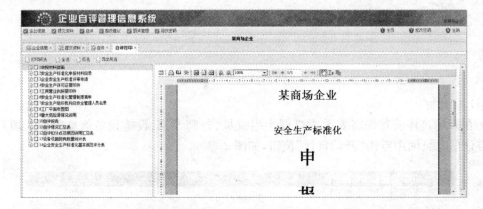

图 2-309 打印自评报告

➤ 通过点击左侧自评报告清单，对报告内容进行预览，如图 2-310，图 2-311，图 2-312。对自评报告内容确认无误后，点击"全选"、"打印所选"打印自评报告。

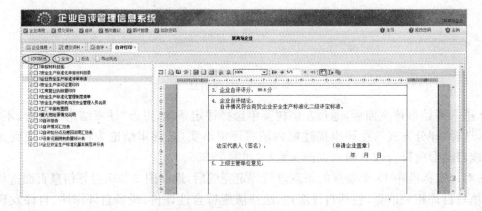

图 2-310 评审申请自评结论预览

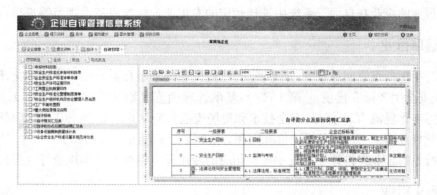

图 2-311　自评扣分点及原因说明汇总预览

图 2-312　自评评分表预览

2.4.5　冶金行业

　　冶金行业企业包括炼铁企业、炼钢企业、黑色金属铸造企业、钢压延加工企业、铁合金冶炼企业，国家安全生产监督管理总局已经发布的冶金行业安全生产标准化评定标准有《冶金企业安全生产标准化评定标准(焦化)》《冶金企业安全生产标准化评定标准(炼钢)》《冶金企业安全生产标准化评定标准(炼铁)》《冶金企业安全生产标准化评定标准(煤气)》《冶金企业安全生产标准化评定标准(烧结球团)》《冶金企业安全生产标准化评定标准(铁合金)》《冶金企业安全生产标准化评定标准(轧钢)》，冶金行业其他类型企业的安全生产标准化评定参考《冶金等工贸企业安全生产标准化基本规范评分细则》。

　　冶金行业的企业在自评子系统中选择相应的专用评定标准或基本规范等进行自我评定。

2.4.6　有色行业

　　有色行业企业包括有色金属冶炼企业、有色金属铸造企业、有色金属压延加工企业。国家安全生产监督管理总局已经发布的有色行业安全生产标准化评定标准有《氧化铝企业安全生产评定标准》《有色金属压力加工企业安全生产标准化评定标准》《有色重金属冶炼企业安全生产标准化评定标准》《电解铝(含熔铸、碳素)企业安全生产标准化评定标准》，有色行业其他类型企业的安全生产标准化评定参考《冶金等工贸企业安全生产标准化基本规范评分细则》。

有色行业的企业在自评子系统中选择相应的专用评定标准或基本规范等进行自我评定。

2.4.7 烟草行业

烟草行业包括烟草制品企业、烟草商店,已经发布的烟草行业安全生产标准化评定标准有《烟草企业安全生产标准化规范 第 1 部分:基础管理规范》(YC/T 384.1—2011)、《烟草企业安全生产标准化规范 第 2 部分:安全技术和现场规范》(YC/T 384.2—2011)、《烟草企业安全生产标准化规范 第 3 部分:考核评价准则和方法》(YC/T 384.3—2011)。

烟草行业的企业在自评子系统中选择相应的专用评定标准或基本规范等进行自我评定。

2.4.8 危化行业

依据《危险化学品从业单位安全标准化通用规范》(AQ 3013—2008),危险化学品从业单位是指危险化学品生产、使用、储存企业以及有危险化学品储存设施的经营企业。

目前危化企业主要依据的评定标准为《危险化学品从业单位安全生产标准化评审标准》,对于烟花爆竹经营企业依据《烟花爆竹经营企业安全生产标准化评审标准》进行安全生产标准化的创建。

危化企业在自评子系统中选择相应的专用评定标准或基本规范等进行自我评定。

第3章　评审与模拟评审

本章以安全生产标准化评定标准为主线,分别介绍了评审机构或集团公司管理部门使用评审子系统进行安全生产标准化达标评审或模拟评审的操作流程和方法。

国家安监总局已公布的专业评定标准尚未完全覆盖所有的专业,评审机构接受评审组织单位委托的评审任务中绝大多数企业自评申请采用评定标准为《冶金等工贸企业安全生产标准化基本规范》,因此本章3.1节阐述了采用基本规范进行评审的操作流程,包括企业信息填写、自评申请资料上传、评审计划安排、要素条款逐项评审、整改建议、评审报告打印等内容。

由于《机械制造企业安全质量标准化考核评级标准》(2005版)与基本规范在框架格式、评分方式以及评审报告上存在较大差异,本章3.2节详细描述了采用该评定标准进行评审的操作流程,除了基本规范中一些程序外,还包含对危险等级确定、安全知识抽试、评定考核汇总、三大考评部分(基础管理、设备设施、作业环境与职业健康)综述等内容。

由于各省市小企业的评定标准在评审条款、评审报告格式内容等方面各有特色,本章3.3节以上海市《小企业安全生产标准化评定标准》为例介绍评审机构或集体企业使用评审子系统的操作流程。

其他专业评定标准参照基本规范的内容。

评审机构根据企业自评申请所采用的评定标准阅读相关章节,而集团企业对下属企业进行安全生产标准化模拟评审时,需首先确认下属企业所采用的评定标准。

3.1　冶金等工贸企业安全生产标准化基本规范

3.1.1　用户登录

评审机构或集团企业通过安标网网页"评审机构入口"进入评审子系统。进入子系统后显示评审主页面。

3.1.2　项目信息

3.1.2.1　项目信息检索

登录评审系统默认首页显示项目信息,也可通过点击"评审管理"—"项目信息"显示,如图3-1。

管理系统拥有检索功能,在"申请企业"栏中输入关键字,可检索相应的项目,如输入"某某工贸有限公司",系统检索出"某某工贸有限公司",通过项目编号、评审等级、评审日期、所在地等检索条件也可进行检索,如图3-2。

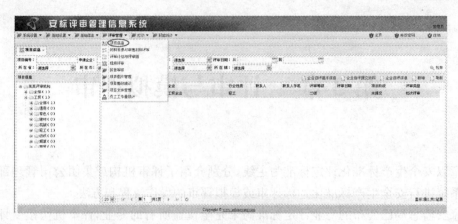

图 3-1　项目信息页面显示

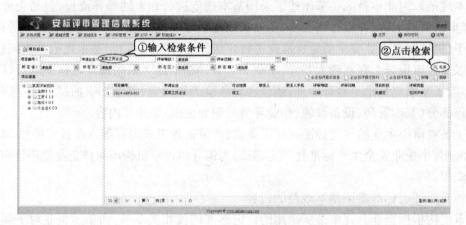

图 3-2　项目信息检索

3.1.2.2　项目信息新增

➢ 点击 新增，创建新的评审项目，如图 3-3。

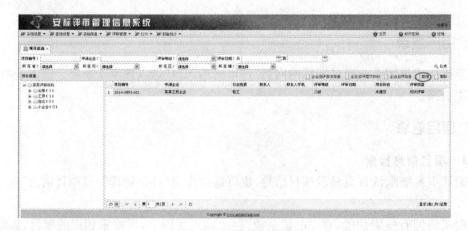

图 3-3　新增项目信息

➢ 在"项目信息（新增）"中填写项目信息，如图 3-4。

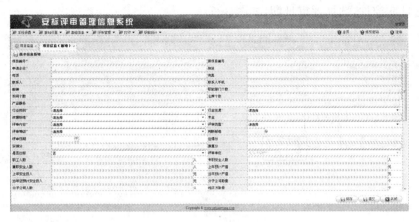

图 3-4　项目信息（新增）

注:若企业在自评系统中进行了自评并提交材料后,评审系统会自动将自评系统中的信息复制过来,无需新增项目,只需检索到该项目,并对其信息进行补充完善。

➢ 项目编号、申请企业、电话、传真、专业等信息如实填写。选择行业性质时,点击其右侧下拉按钮,选择"工贸"(以某某工贸有限公司为例),如图 3-5。

图 3-5　行业性质选择

采用同样的方法选择依据标准、评审内容、评审登记、评审类型,如图 3-6。

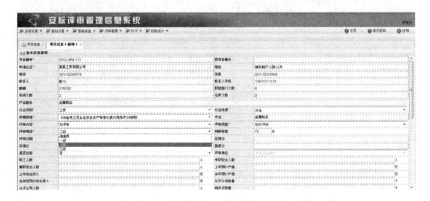

图 3-6　依据标准、评审内容等选择

➤ 点击日期控件,选择评审日期,如图3-7。

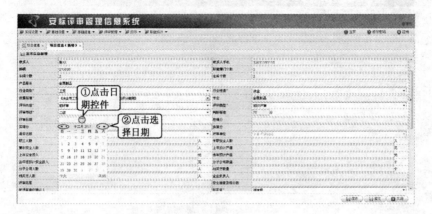

图3-7　评审日期

将页面下拉,如实填写职工人数、专职安全人数、当年预计产值、评审范围等信息,如图3-8。

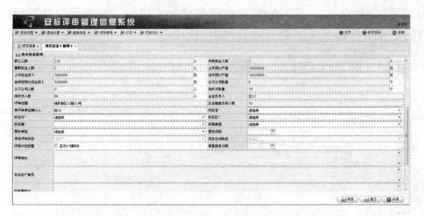

图3-8　职工人员等信息填写

➤ 点击"所在省"右侧下拉按钮,选择被评审单位所在省份,如图3-9。按照同样的步骤选择所在市、所在区、所在镇、所属集团及委托单位。

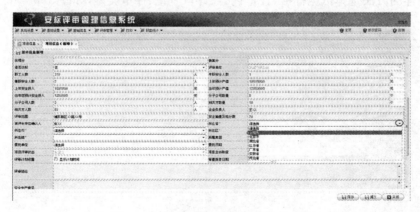

图3-9　受评审单位省市区等信息选择

➤ 通过日期控件选择委托日期和审查报告日期,如图 3-10。

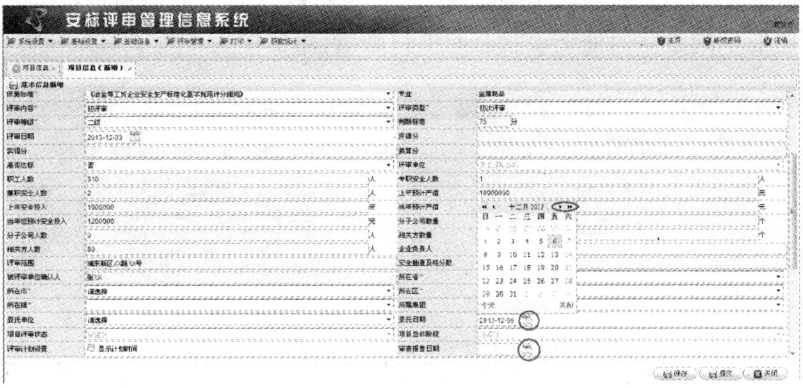

图 3-10　委托日期、审查报告日期

➤ 点击 保存 ,点击 ✓ 提交 提交项目信息,如图 3-11。

图 3-11　项目信息保存提交

注:标注"＊"的信息为必填项,若未填写完全点击 ✓ 提交 ,系统会做出提示,按要求将信息补充完整后,再点击"提交"。

3.1.3　材料审核

在"项目信息"窗口点击左侧"展开"菜单按钮,如图 3-12。

图 3-12　项目信息展开

点击左侧"评审机构"下的"全部"或"工贸"菜单，点击"材料审核（1）"显示处于材料审核阶段的项目，右侧显示该项目，并在其上方显示"更新"、"材料目录"、"审查材料审核"，如图3-13。

注：括弧中显示的数字为处于该状态的项目数量，示例中有1个项目处在材料审核阶段。

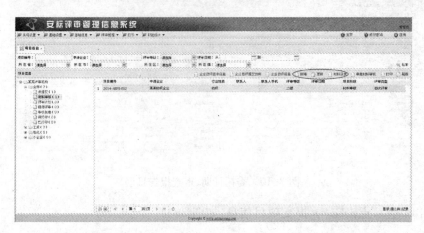

图 3-13　项目信息（更新/审查材料）

点击 更新 可对项目信息进行修改，如图3-14。

图 3-14　项目信息（更新）

关闭"项目信息（更新）"界面，返回至"项目信息"，点击"材料目录评审"可对评审报告的目录进行查看，如图 3-15。

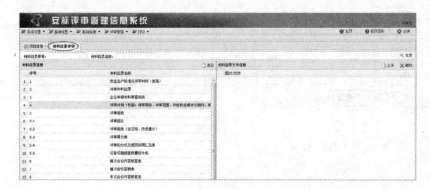

图 3-15　材料目录评审

➢ 关闭"材料目录评审"界面,返回至"项目信息",点击"审查材料审核",如图 3-16。

图 3-16　审查材料审核

➢ 在打开的"审查材料评审"界面中,需要上传审查材料文件,选择"企业安全生产标准化评审申请表",点击"上传"按钮,如图 3-17。

图 3-17　选择资料上传

➢ 在跳出的"文件上传"对话框中点击"选择文件",如图 3-18。

➢ 选择电脑中保存的相应文件,点击"打开",如图 3-19。

➢ 在"文件上传"对话框中点击"上传"按钮,如图 3-20。

图 3-18　选择文件提示窗口

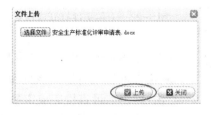

图 3-20　本地文件上传

图 3-19　本地文件选择

➤ 上传完毕，"审查材料评审"界面中"企业安全生产标准化评审申请表"的"是否提交"状态显示为"是"，提交人显示"评审员"，右侧显示已上传的材料，如图3-21。

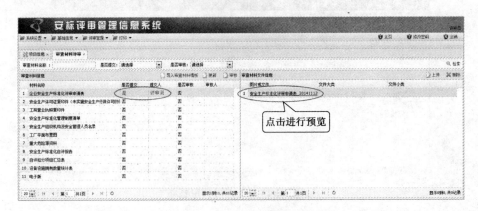

图3-21 文件上传成功

➤ 点击已上传的文件对其进行预览，如图3-22，如图3-23。

图3-22 上传文件打开或保存　　　　　图3-23 上传资料打开文件显示

按照上述步骤，将所有需要上传的材料上传，如图3-24。

➤ 文件审核人员进入该页面，选中某材料并查看之后，点击"审核"按钮，在显示的提示框中，点击"确定"，可直接完成审核，如图3-25。

➤ 图3-25提示框中，若点击"取消"，进入材料审核编辑页面，选择审核人及审核时间，点击"审核"按钮，即完成材料审核，如图3-26。

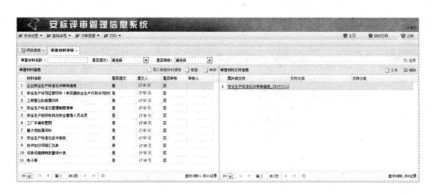

图 3-24　全部材料上传完成

图 3-25　材料审核确定窗口

图 3-26　审核人/审核时间选择

所有材料按照同样的步骤审核完毕后，"是否审核"状态均显示为"是"，并显示相应的审核人，如图 3-27。

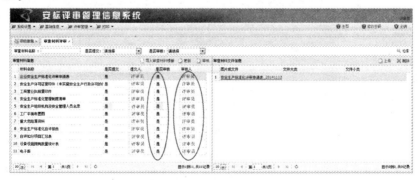

图 3-27　审核完成

➤ 关闭"审查材料评审"界面,返回至"项目信息"界面,点击"刷新"按钮,如图 3-28。

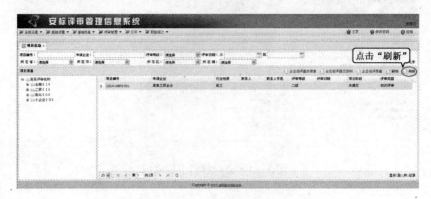

图 3-28　项目信息刷新

3.1.4　评审计划

➤ 点击"评审机构",再点击"全部",如图 3-29。

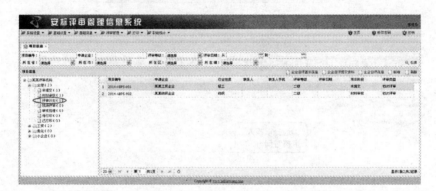

图 3-29　评审计划

➤ 点击"评审计划(1)",右侧显示"某某工贸有限公司"的项目阶段为"评审计划",其上方出现"评审计划评审组"按钮,如图 3-30。

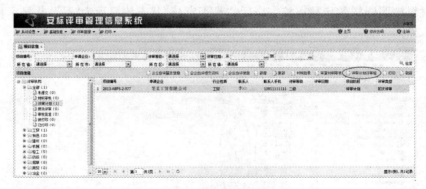

图 3-30　评审计划评审组

➤ 点击"评审计划评审组",打开"评审计划与评审组信息"界面,如图 3-31。

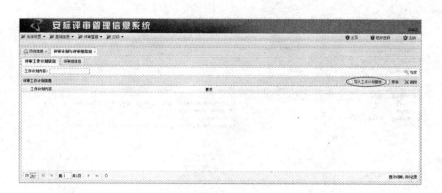

图 3-31　评审计划与评审组信息

➢ 点击"导入工作计划模板",在打开的对话框中选择模板名称,如"一天工作计划表",如图 3-32。

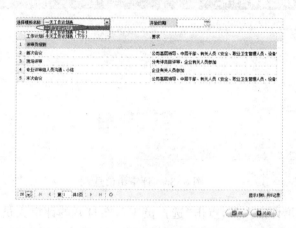

图 3-32　导入工作计划模板

➢ 通过日期控件选择评审日期,如图 3-33。

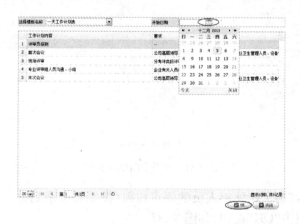

图 3-33　评审日期选择

➢ 点击"OK"按钮,完成模板导入,如图 3-34。

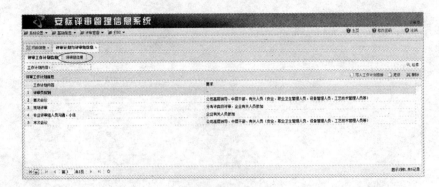

图 3-34　导入评审工作计划信息

➢ 点击"评审组信息",显示评审组成员的选择界面,如图 3-35。

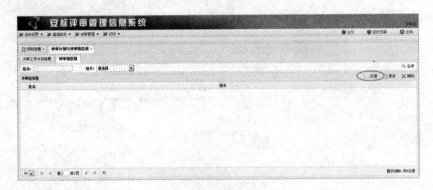

图 3-35　评审组信息

➢ 点击 📄 新增,新增评审人员,点击"选择员工",在打开的评审人员信息中选择该项目评审人员,点击"是否组长"右侧下拉按钮,选择该评审人员是否为评审组长,如图 3-36。

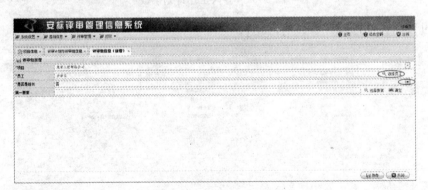

图 3-36　评审组信息(新增)

➢ 点击"选择要素"确定该评审人员的评审权限(按照要素来划分),如 1—5 要素,则选定 1,2,3,4,5 要素,点击"OK"按钮,如图 3-37。

按照上述步骤将该项目所有评审员进行添加,即完成"评审计划与评审组"阶段,如图 3-38。

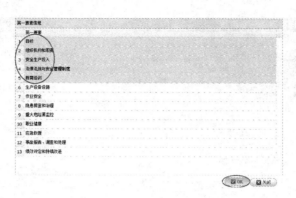

图 3-37　评审一级要素的选择

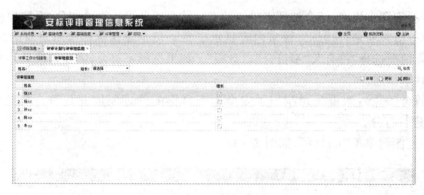

图 3-38　完成的评审组信息

➤ 关闭"评审计划与评审组信息"界面,返回至"项目信息"界面,点击"刷新",该项目的"项目阶段"更新为"现场评审"。

3.1.5　现场评审

3.1.5.1　要素评审

➤ 点击图 3-39 页面左侧"现场评审(1)",在页面右侧出现"评审信息"按钮。点击"评审信息",进入各要素评分界面,如图 3-40。

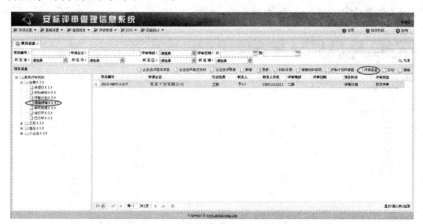

图 3-39　进入现场评审页面

图 3-40　要素评审页面

　　进入各要素评审界面,结合被评审单位的实际情况逐条进行评价扣分,系统根据录入的信息自动计算分值判断是否达标。评审内容显示了每一项企业达标标准所对应的具体评分方式,根据实际情况选择"符合"、"不符合"、"空项"。如果选择不符合,需要勾选具体的不符合评分项,录入评审描述。

　　例一(符合条款):假设公司制定了安全生产目标的管理制度并且符合规范要求,对第1.1.1条款进行打分。

　　➢ 点击左侧树菜单"1 目标",如图 3-41。

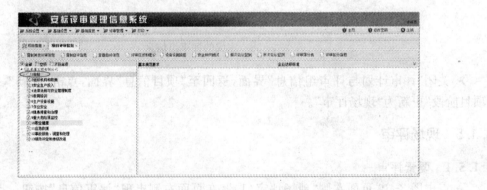

图 3-41　评审要素选择(一级要素)

　　➢ 在展开的菜单中点击"1.1 总体目标",如图 3-42。

图 3-42　评审要素选择(二级要素)

➤ 在展开的树菜单中,选中"1.1.1 建立安全生产目标的管理制度……",右侧显示评审内容界面,如图 3-43。

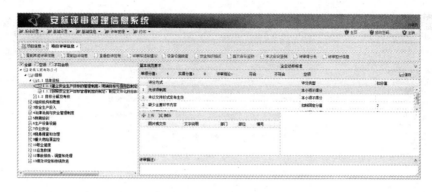

图 3-43　评审要素选择(三级要素)

➤ 点击"符合"按钮,然后点击 保存,如图 3-44。

图 3-44　符合条款评审

系统自动在界面下方"评审描述"中显示"符合",实得分变为"4",同时,右下角显示"数据保存成功",左侧树菜单 1.1.1 条款变为浅色(系统自动将已评分的条款变换颜色,以区分于未评审条款),如图 3-45。

图 3-45　符合条款评审显示

例二(空项条款):对第 6.1.14 条款进行打分,假设公司不存在胶(皮)带运输机,则该项目不考评,作为"空项"。

➤ 点击"6 生产设备设施",如图 3-46。

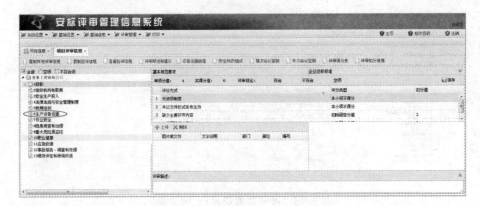

图 3-46　评审要素选择(一级要素)

➤ 在展开的树菜单中点击"6.1 生产设备设施建设",如图 3-47。

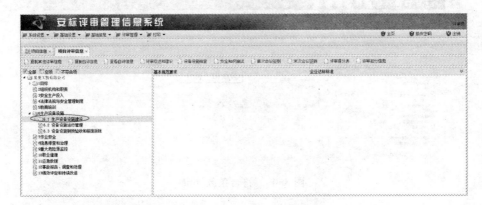

图 3-47　评审要素选择(二级要素)

➤ 在展开的树菜单中点击"6.1.14 胶(皮)带运输机应有以下安全防护装置……",如图 3-48。

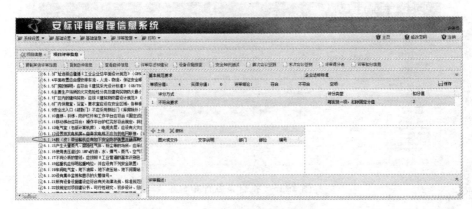

图 3-48　评审要素选择(三级要素)

➤ 点击"空项"按钮，然后点击 🔲 保存，如图 3-49。

图 3-49　空项条款评审

➤ 下方评审描述框中自动显示"空项"，右下角显示"数据保存成功"，如图 3-50。

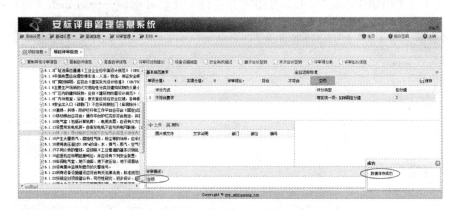

图 3-50　空项条款评审显示

例三(不符合条款)：

(1) 扣固定分值

对第 5.4.1 条款进行打分，假设公司未对相关方的作业人员进行安全教育。

➤ 点击"5 教育培训"，如图 3-51。

图 3-51　评审要素选择(一级要素)

➤ 在展开的树菜单中点击"5.4 其他人员教育培训",如图 3-52。

图 3-52　评审要素选择(二级要素)

➤ 在展开的树菜单中点击"5.4.1 对相关方进行安全教育培训……",如图 3-53。

图 3-53　评审要素选择(三级要素)

➤ 在右侧显示的评审界面中选择"不符合",如图 3-54。

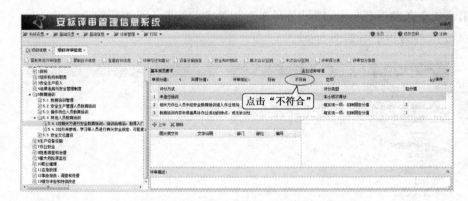

图 3-54　评审结论(不符合)

➤ 在评分方式中勾选"未进行培训",实得分显示为"0",如图 3-55。

图 3-55　评分方式选择

➤ 在下方评审描述中填写"未对相关方作业人员进行安全教育培训",并点击 保存,右下角显示"数据保存成功",如图 3-56。

图 3-56　不符合条款评审描述

（2）扣多项分值

对 8.2.2 条款进行打分,假设公司缺少季节性检查表,2 次综合性检查表缺少检查人签字。

➤ 按照上述"（1）扣固定分值"中描述的操作步骤选中"8.2.2 采用综合检查、专业检查、季节性检查……",点击"不符合",如图 3-57。

图 3-57　评审结论（不符合）

129

➢ 勾选"缺少检查表",系统自动扣除 2 分,实得分变为"8.0",如图 3-58。

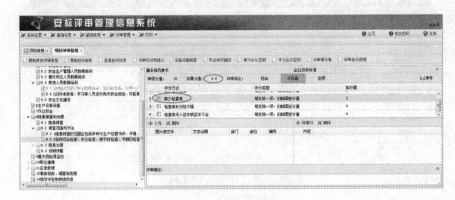

图 3-58　评分方式选择(a)

➢ 勾选"检查表无人签字或签字不全",系统再次扣除 4 分,实得分变为"4.0",如图 3-59。

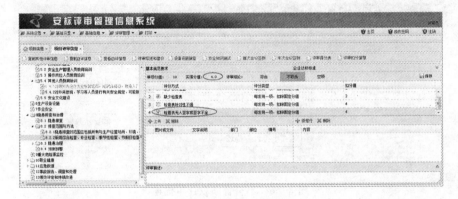

图 3-59　评分方式选择(b)

➢ 有 2 次综合性检查无人签字,因此应该进行两次扣分,点击"新增行",在下方显示的框中填入扣分原因,如"2013 年 3 月 5 日综合性检查表无人签字",如图 3-60。

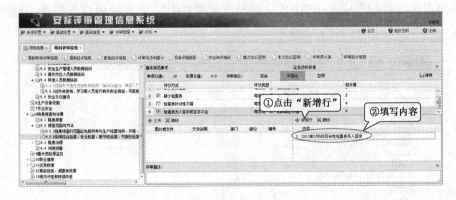

图 3-60　不符合内容填写

➢ 再次点击"新增行",在下方第二行中填入另一扣分原因,如"2013 年 9 月 9 日综合性检查表无人签字",如图 3-61。

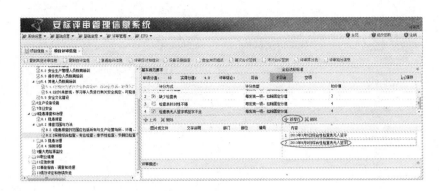

图 3-61　不符合内容新增

➤ 在评审描述框中填入"缺少季节性检查表,2013 年 3 月 5 日及 2013 年 9 月 9 日的综合性检查表均无人签字",点击 ▣ 保存,右下角显示"数据保存成功",如图 3-62。

图 3-62　评审描述

（3）倒扣分

安全生产标准化评分标准中部分条款存在不符合项倒扣分的情况。假设公司未定期对应急预案进行演练。

➤ 按照"（1）扣固定分值"中描述的操作步骤选中"11.4.1 制定应急预案演练计划……",点击"不符合",如图 3-63。

图 3-63　评审结论(不符合)

➤ 勾选"未进行演练",实得分值变为"0.0",如图 3-64。

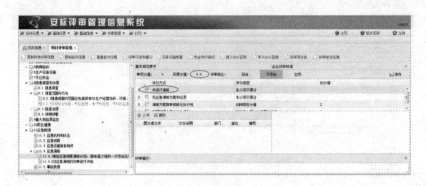

图 3-64　评分方式选择

➤ 在评审描述中填写"未组织员工定期进行应急预案的演练",并点击 保存,右下角显示"数据保存成功",如图 3-65。

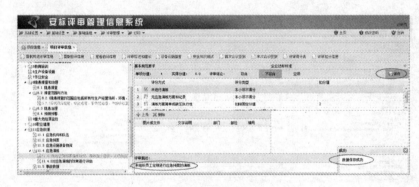

图 3-65　评审描述

注:① 图 3-65 实得分值显示为"0.0",未体现倒扣分(系统已经进行了倒扣分),再次点击左侧"11.4.1 制定应急预案演练计划……",系统进行刷新后,即可看到实得分值为"－8",如图 3-66。

图 3-66　倒扣分分值显示

② 所有不符合项、空项确定以后,可点击 提交(评审组长有该权限),在跳出的对话框中点击"确定",剩余项目系统均默认为符合,如图 3-67。

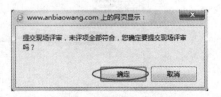

图 3-67　提交现场评审确认窗口

3.1.5.2 评审综述和建议

➤ 所有条款评审结束后,点击"评审综述和建议"(也可在评审过程中进行填写),如图 3-68。

图 3-68　进入评审综述和建议页面

➤ 在"评审综述和持续修改意见信息"界面,勾选建议内容,即在右侧"项目持续改进建议信息"内显示,如图 3-69。

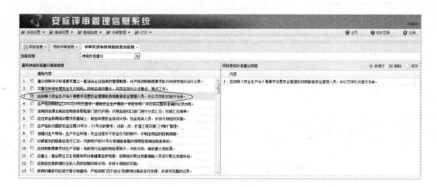

图 3-69　持续改进建议条款选择

➤ 双击建议内容,可对其进行编辑,如图 3-70。

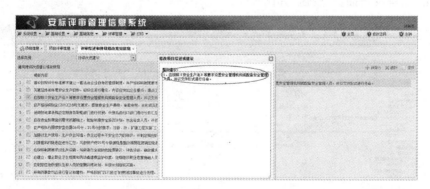

图 3-70　持续改进建议内容编辑

➤ 若"评审综述和持续修改意见信息"模板中没有合适的建议内容,可点击右上角"新增行"按钮,并双击该新增的行,如图 3-71。

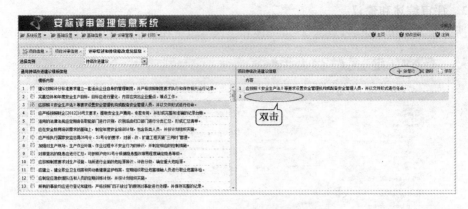

图 3-71　新增持续改进建议

➤ 在跳出的对话框中填写建议内容,如图 3-72。

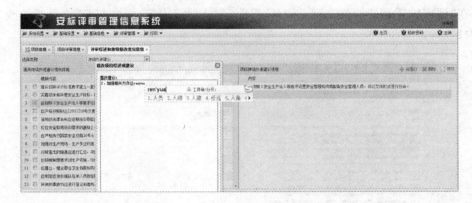

图 3-72　编写新增持续改进建议

➤ 逐条勾选、新增和编辑,完成以后关闭"评审综述和持续修改意见信息"界面。

3.1.5.3　设备设施抽查

➤ 点击"设备设施抽查"按钮,如图 3-73。

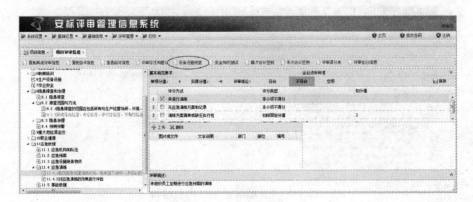

图 3-73　设备设施抽查

➤ 在打开的界面中点击 更新 ,或双击设备设施对应的"拥有数量",如图 3-74。

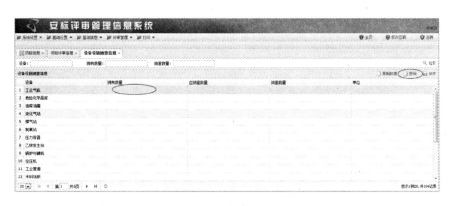

图 3-74　设备设施更新

➤ 在"拥有数量"下方显示的空格中填写数量（如工业气瓶数量为 10），系统自动根据抽查规则计算并在"应抽查数量"下方显示应抽查数量，设备设施的"抽查数量"不应小于"应抽查数量"，通过下方翻页按钮可以进行翻页，如图 3-75。

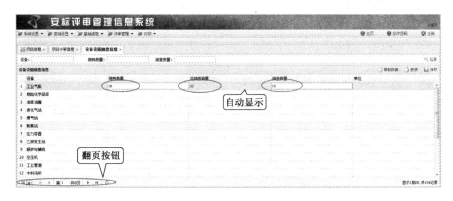

图 3-75　设备设施拥有/抽查数量

3.1.5.4　安全知识抽试

➤ 设备设施抽查信息填写完毕，关闭该界面，点击"安全知识抽试"按钮，如图 3-76。

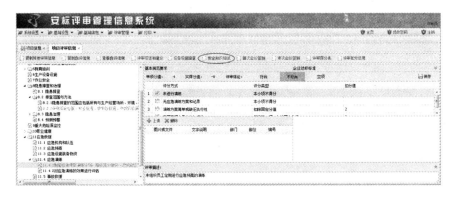

图 3-76　安全知识抽试

➤ 点击"导入"，将电脑本地文件导入，如图 3-77。

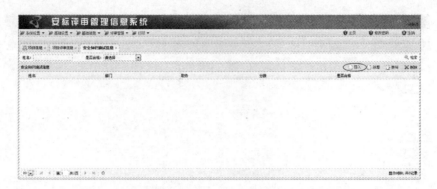

图 3-77　导入安全知识抽试

　　导入的抽试成绩模板样式,如图 3-78。

　　通过点击 📄新增 ,📝更新 ,可增加和修改人员的抽试信息,如图 3-79。

3.1.5.5　首末次会议签到

　　➤ 安全知识抽试信息填写完成后关闭该界面,点击"首次会议签到",如图 3-80。

图 3-78　抽试成绩模板样式

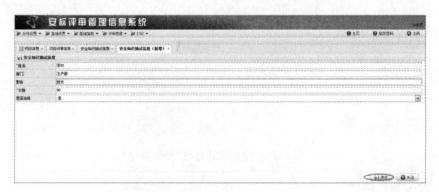

图 3-79　安全知识抽试信息(新增)

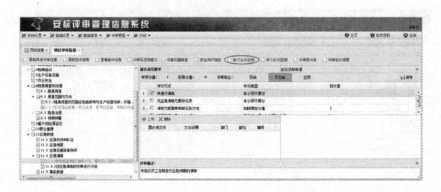

图 3-80　首次会议签到

　　➤ 点击"复制会议内容",如图 3-81。

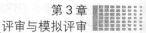

图 3-81　复制首次会议内容

➢ 在弹出的对话框中选择"首次会议核查表",点击"OK"按钮,即完成会议内容核查信息的复制,如图 3-82,图 3-83。

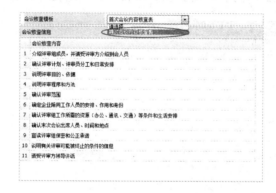

图 3-82　首次会议核查信息内容

图 3-83　导入完成首次会议内容

按照上述步骤,完成"末次会议签到"的复制。

3.1.5.6　评审得分表

➢ 点击"评审得分表"可以查看各要素得分情况,如图 3-84。

图 3-84　评审得分表

3.1.5.7　评审扣分信息

➤ 点击"评审扣分信息",可查看所有扣分项目及相应的扣分说明,如图 3-85。

图 3-85　评审扣分信息

3.1.5.8　评审操作技巧

(1) 复制其他评审信息,可以复制其他已评审项目的信息,同属一个集团的多个公司,制度和运行资料存在类似的情况,通过"复制其他评审信息"功能可以减少现场工作量。

➤ 点击"复制其他评审信息",如图 3-86。

图 3-86　复制其他评审信息

➤ 在跳出的对话框中,通过项目编号、申请企业、评审日期等信息进行检索,选中类似企业,点击"OK",如图 3-87。

图 3-87 选择其他评审信息

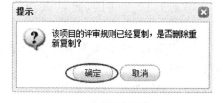

图 3-88 其他评审信息复制确定

➢ 在跳出的提示框中点击"确定",如图 3-88。

➢ 经过数秒的时间系统即完成评审信息的复制,如图 3-89。

图 3-89 其他评审信息复制成功

(2) 复制自评信息,企业在安标自评系统中完成自评并提交信息以后,可通过"复制自评信息"功能,将自评信息复制到评审系统中。

➢ 点击"复制自评信息"按钮,如图 3-90。

图 3-90 复制自评信息

➤ 在跳出的提示框中点击"确定",经过数秒的时间系统即完成自评信息的复制,如图 3-91。

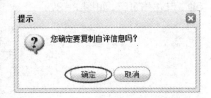

（3）筛选空项及不符合条款,评审过程中需要对评审过的条款进行检查确认,通过该功能可以提高检查确认的效率。

图 3-91　自评信息复制确定

➤ 点击勾选"空项",并点击下方显示的各要素、条款,可查看所有空项的信息,如图 3-92。

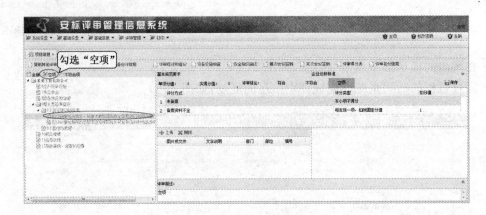

图 3-92　空项条款筛选

➤ 点击勾选"不符合项",并点击下方显示的各要素、条款,可查看所有不符合项的信息,如图 3-93。

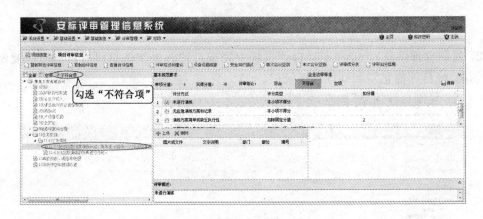

图 3-93　不符合项条款筛选

3.1.6　报告审核

项目评审完成后,需评审批准后才允许打印评审报告。

➤ 选定项目,点击"审核批准",如图 3-94。

➤ 点击左侧相应的评审材料,右侧显示该材料的预览,如图 3-95。

图 3-94　审核批准

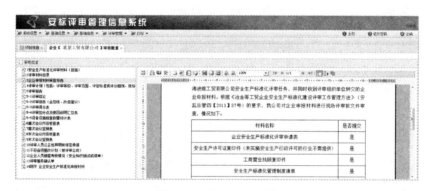

图 3-95　评审报告预览

➢ 确认各评审材料均正确后点击左上角"审核批准",如图 3-96。

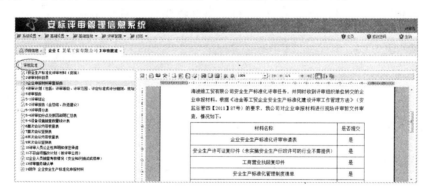

图 3-96　评审报告审核批准

➢ 在跳出的对话框中点击"确定",即完成评审材料的审核批准,如图 3-97。

3.1.7　报告打印

➢ 返回至"项目信息"界面,点击"打印",如图 3-98。

图 3-97　评审报告审核批准确认窗口

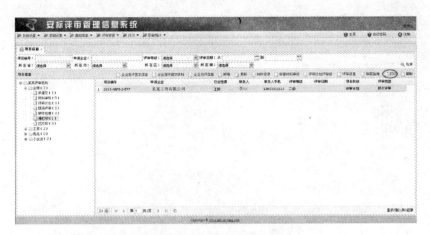

图 3-98　进入评审报告打印页面

➢ 在打印界面中点击（不是勾选）相应的评审材料，在右侧可进行预览，如图 3-99。

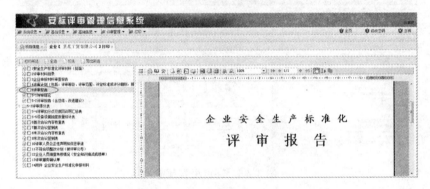

图 3-99　评审报告打印预览

➢ 勾选需要打印的材料（可部分打印，也可全部打印），如图 3-100。

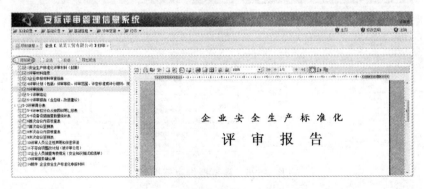

图 3-100　评审报告勾选打印

➢ 点击"打印所选"，在提示框中点击"确定"按钮，即可在系统默认打印机上打出相应评审材料，如图3-101。

注：用鼠标右击预览界面，也可实现评审材料的部分或当前页打印，如图 3-102。

图 3-101　评审报告打印确认窗口

图 3-102　评审报告当前页面打印

➢ 在跳出的对话框中选择打印机、打印范围等，点击"确定"按钮，即可按照要求打印出评审材料，如图 3-103。

图 3-103　打印机选择

3.2　机械制造企业安全质量标准化评定标准

3.2.1　用户登录

评审机构或集团企业通过安标网网页"评审机构入口"进入评审子系统。进入子系统后显示评审主页面。

3.2.2　项目信息

3.2.2.1　项目信息检索

在评审主页面中检索区域通过输入项目编号、企业名称、评审等级、评审日期、评审区域等信息进行项目的检索。

3.2.2.2 项目信息新建

点击 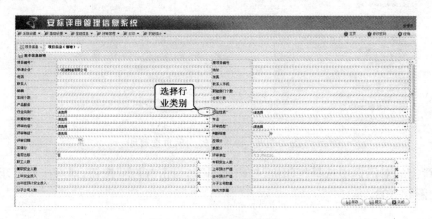 新增，进入项目信息新增页面，填写申请企业的基本信息，行业类别选择"工贸"，如图 3-104。

图 3-104 新增项目信息

> 行业性质：点击下拉按钮，选择"机械"，如图 3-105。

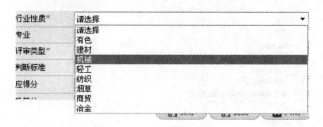

图 3-105 行业性质选择

> 依据标准：点击下拉按钮，选择"机械制造企业安全生产标准化评定标准"，如图 3-106。

图 3-106 依据标准选择

> 其他信息：按照受评审单位的实际情况进行填写或选择。

若需对已填写的信息进行修改或补充未完成的信息，可通过评审主页面"更新"按钮进行修改或补充。

3.2.3 材料审核

在审查材料评审页面上传受评审单位的自评申请材料及相关资料，包括安全生产标准化评审申请表、安全生产许可证、营业执照、管理制度清单、安全管理人员清单、工厂平面图、重大危险源资料、自评报告、自评扣分汇总表、设备设施统计表等。

3.2.4 评审计划与评审组

在评审计划与评审组信息页面，完成评审工作计划信息以及评审组信息的录入。

评审工作计划信息：导入评审工作计划模板，如一天工作计划、半天工作计划或其他类型工作计划，选择评审日期。

评审组信息：通过新增按钮，新增现场评审人员，确认评审组长和组员，以及评审人员的分工。

3.2.5　现场评审

3.2.5.1　要素评审

➢ 在项目信息页面，点击"现场评审（1）"，右侧出现"评审信息"按钮，如图 3-107。

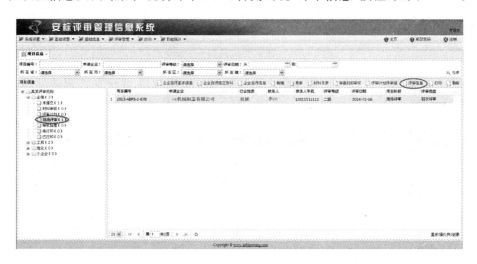

图 3-107　进入评审信息页面

➢ 点击"评审信息"，进入项目评审信息界面，如图 3-108。

图 3-108　项目评审信息

进入各专业评审界面，结合被评审单位的实际情况逐条进行评价扣分，系统根据录入的信息自动计算分值判断是否达标。《机械制造企业安全质量标准化评定标准》中包含三个考评大类，分别为基础管理、设备设施及作业环境与职业健康。

对于具体条款的评定方法如下描述。

例一（符合条款）：假设公司制定了各部门的安全生产职责并且符合规范要求，对第 1.1.2 条款进行打分。

➢ 点击左侧树菜单"1 基础管理考评"，如图 3-109。

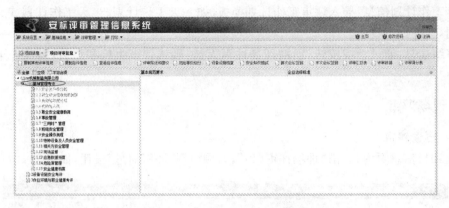

图 3-109　评审要素选择（一级要素）

➢ 在展开的菜单中点击"1.1 安全生产责任制"，并选中"1.1.2 建立各职能部门的安全职责"，如图 3-110。

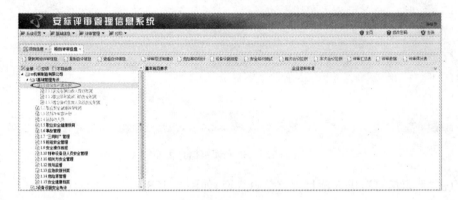

图 3-110　评审要素选择（二级要素）

➢ 在展开的树菜单中，选中"1.1.2 建立各职能部门的安全职责"，右侧显示评审内容界面，如图 3-111。

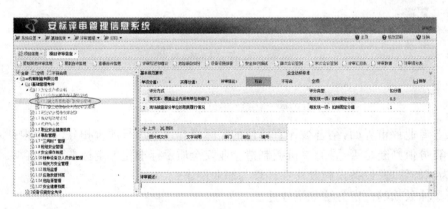

图 3-111　评审要素选择（三级要素）

➢ 点击"符合"按钮，然后点击 保存，如图 3-112。

图 3-112　符合条款评审

系统自动在界面下方"评审描述"中显示"符合",实得分变为"4",同时,右下角显示"数据保存成功",如图 3-113。

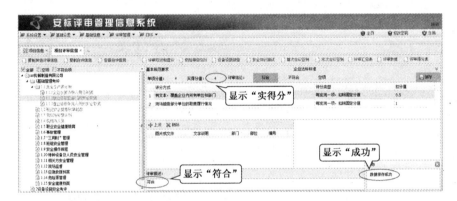

图 3-113　符合条款评审显示

例二(空项条款):假设公司不存在制氧站,则该项目不考评,作为"空项"。
➢ 点击"2.6 制氧站"。

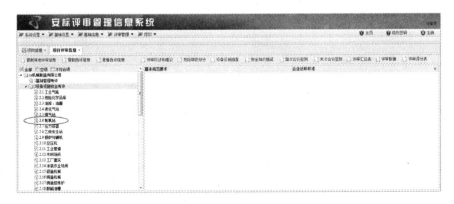

图 3-114　评审要素选择(二级要素)

➢ 在展开的树菜单中点击"2.6.1 站房门窗向外开……"右侧显示评分界面,如图 3-115。

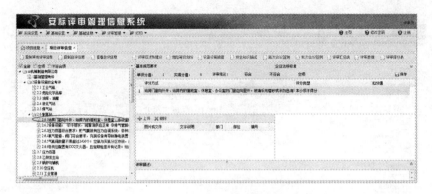

图 3-115　评审要素选择(三级要素)

➢ 点击"空项"按钮,然后点击 📄 保存,如图 3-116。

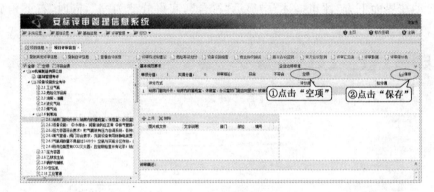

图 3-116　空项条款评审

下方评审描述框中自动显示"空项",右下角显示"数据保存成功",如图 3-117。

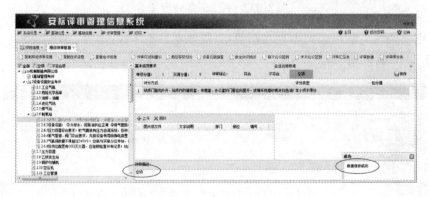

图 3-117　空项条款评审显示

　　按照上述步骤,依次将 2.6.2,2.6.3,2.6.4,2.6.5,2.6.6 选择为空项,至此,"2.6 制氧站"空项确定完毕。

　　例三(不符合条款):

　　(1) 扣固定分值

　　对"3.4 危险化学品使用现场"进行打分,假设公司未定期对危险化学品使用场所进行安全评价或条件认证。

➢ 点击"3 作业环境与职业健康考评",如图 3-118。

图 3-118　评审要素选择(一级要素)

➢ 点击"3.4 危险化学品使用现场",如图 3-119。

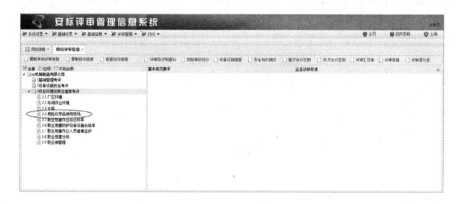

图 3-119　评审要素选择(二级要素)

➢ 点击"3.4.3 事故预防",如图 3-120。

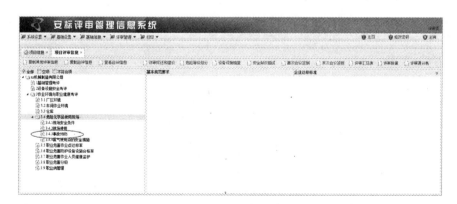

图 3-120　评审要素选择(三级要素)

➢ 在右侧显示的评分界面点击"不符合",如图 3-121。

图 3-121　评审结论（不符合）

➤ 勾选"定期对危险化学品使用场所进行安全评价或条件认证"，实得分值显示为"0.0"，如图 3-122。

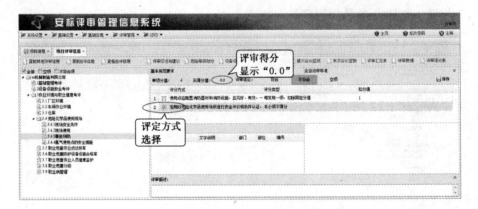

图 3-122　评定方式选择

➤ 在评审描述中填写"未定期对危险化学品使用场所进行安全评价或条件认证"，然后点击 📁 保存，右下角显示"数据保存成功"，如图 3-123。

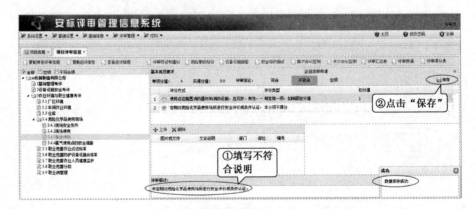

图 3-123　评审描述

（2）扣多项分值

对"2.2 危险化学品库"进行打分，假设公司未将易燃物品乙醇和助燃物品双氧水分开储存，甲类仓库耐火等级为三级。

➤ 点击"2.2 危险化学品库"，如图 3-124。

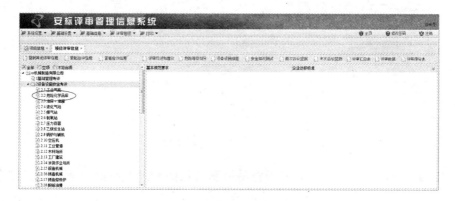

图 3-124 评审要素选择（二级要素）

➤ 在展开的树菜单中点击"2.2.1 危险化学品应按其危险特性……"，如图 3-125。

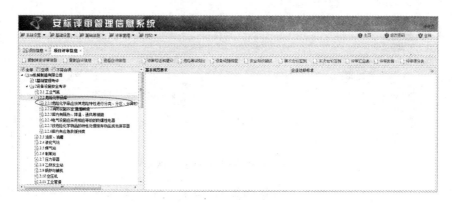

图 3-125 评审要素选择（三级要素）

➤ 在右侧显示的评审界面中选择"不符合"，如图 3-126。

图 3-126 评审结论（不符合）

➢ 在评分方式中勾选"危险化学品应……",实得分显示为"1.5",如图 3-127。

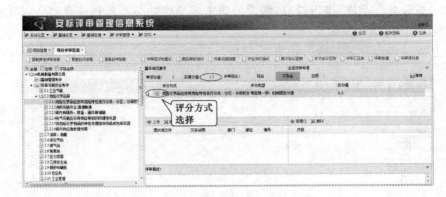

图 3-127 评分方式选择

➢ 点击"新增行",在空格内填写"未将易燃物品乙醇和助燃物品双氧水分开储存",如图 3-128。

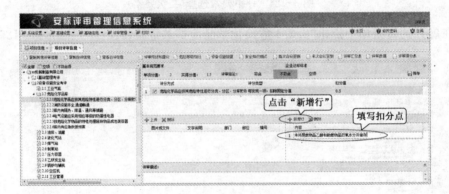

图 3-128 不符合内容描述(一次新增)

➢ 再次点击"新增行",在第 2 行空格中填写"甲类仓库耐火等级为三级",实得分显示为"1.0",如图 3-129。

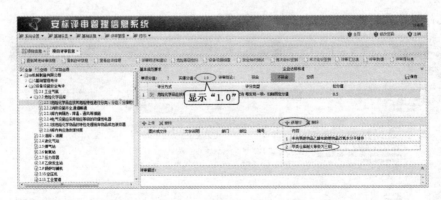

图 3-129 不符合内容描述(二次新增)

➢ 在评审描述中填写"甲类仓库耐火等级为三级,不符合要求,且未将易燃物品乙醇和助燃物品双氧水分开储存",点击 保存,如图 3-130。

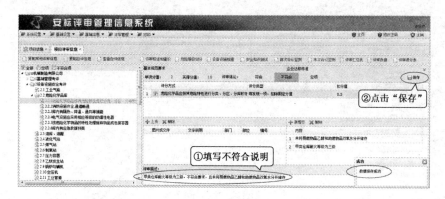

①填写不符合说明
②点击"保存"

图 3-130　评审描述

(3) 按合格率计算分值

对"2.7 压力容器"进行打分,假设公司有 10 台压力容器,其中一台压力容器安全阀不在检验周期内使用。

➤ 点击"2 设备设施安全考评",如图 3-131。

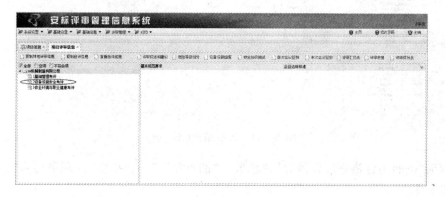

图 3-131　评审要素选择(一级要素)

➤ 点击"2.7 压力容器",如图 3-132。

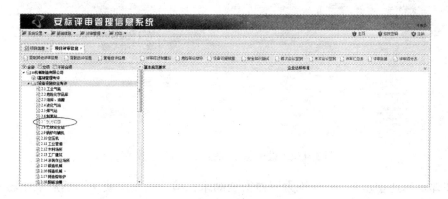

图 3-132　评审要素选择(二级要素)

➤ 点击"2.7.1本体外观检查……",如图 3-133。

图 3-133　评审要素选择(三级要素)

➤ 点击"不符合",如图 3-134。

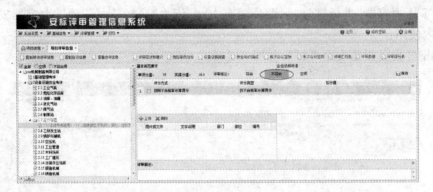

图 3-134　评审结论(不符合)

➤ 勾选"按照不合格率计算得分","总数"、"抽查数"、"不合格数"分别填写为"10","10","1",如图 3-135。

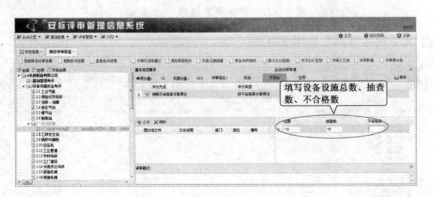

图 3-135　设施总数/抽查数/不合格数填写

➤ 在评审描述中填写"10 号压力容器安全阀未在检验周期内使用",然后点击 保存,实得分显示为"11.0",如图 3-136。

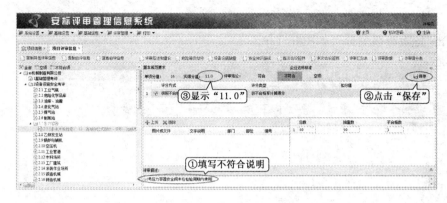

图 3-136　评审描述

按照上述评定方法完成各个考评项目。

3.2.5.2　评审综述和建议

➢ 点击"评审综述和建议"(也可在评审过程中进行填写),如图 3-137。

图 3-137　进入评审综述和建议页面

➢ 在"评审综述和持续修改意见信息"界面,在专业选择栏中选择"评审报告改进建议",通过模板或添加功能填写评审的综合建议,如图 3-138。

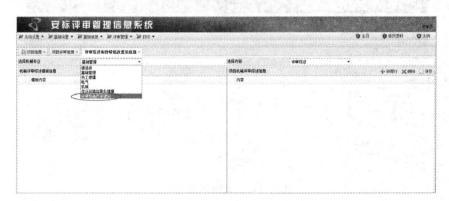

图 3-138　评审综述和改进建议

在显示的"模板内容"中勾选相应的建议内容,右侧显示该条建议。具体操作见 3.1.5.2 节。

3.2.5.3 危险等级划分

➢ 点击"危险等级划分",如图 3-139。

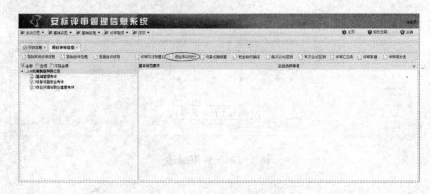

图 3-139　进入危险等级划分页面

➢ 按照设备设施的数量或种类分别在 H1,H2,H3 下对应的空格中填写"1"(同一行 H1,H2,H3 三个中只能有一个"1"),系统自动计算并显示危险等级 T 值,并确定危险等级, 如图 3-140,图 3-141。

图 3-140　危险等级评定

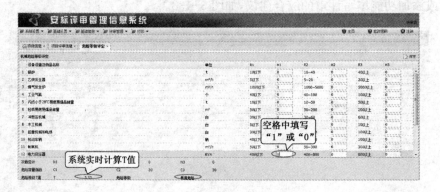

图 3-141　危险等级计算

3.2.5.4 设备设施抽查

➢ 点击"设备设施抽查"按钮,如图 3-142。

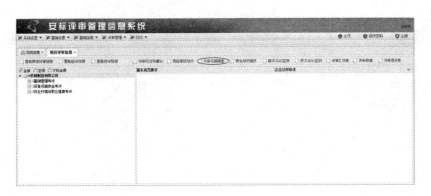

图 3-142　进入设备设施抽查页面

➤ 在打开的界面中点击 📄更新，或双击设备设施对应的拥有数量，如图 3-143。

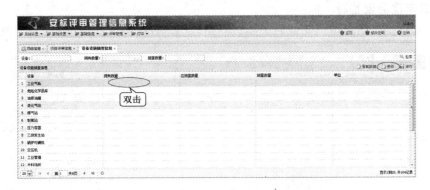

图 3-143　设备设施抽查

➤ 在"拥有数量"下方显示的空格中填写数量（如工业气瓶数量为"10"），系统自动根据抽查规则计算并在"应抽查数量"下方显示应抽查数量，设备设施的"抽查数量"不应小于"应抽查数量"，通过下方翻页按钮可以进行翻页，如图 3-144。

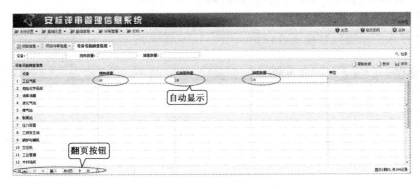

图 3-144　设备设施抽查数量填写

3.2.5.5　安全知识抽试

➤ 设备设施抽查信息填写完毕，关闭该界面，点击"安全知识抽试"按钮，如图 3-145。
➤ 在安全知识抽试信息页面导入抽试成绩，也可通过新增、更新按钮进行增加和修改人员的抽试信息。

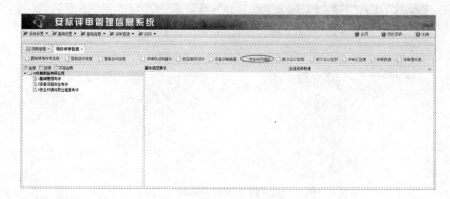

图 3-145　进入安全知识抽试页面

3.2.5.6　首末次会议签到

➤ 安全知识抽试信息填写完成后关闭该界面,点击"首次会议签到",如图 3-146。

图 3-146　首次会议签到

➤ 在弹出的核查信息页面导入会议内容核查信息模板。

3.2.5.7　评审汇总表

➤ 点击"评审汇总表",如图 3-147。

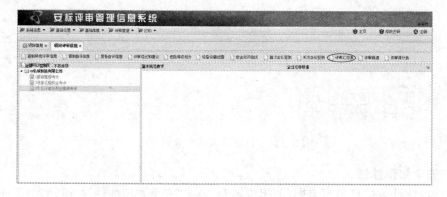

图 3-147　进入评审汇总表页面

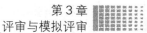

➢ 点击左侧部分各考评大类,在页面右侧便会出现该类各考评项目,填写总数、抽查数、不合格数,如图 3-148。

系统根据填写的总数依据抽查原则自动确定应抽数,抽查数不得少于应抽数。

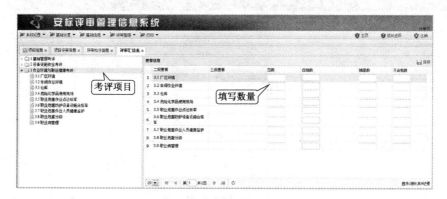

图 3-148　评审汇总表

➢ 填写完成后,点击 保存,如图 3-149。

图 3-149　保存汇总信息

3.2.5.8　评审数据

➢ 点击项目评审信息页面"评审数据",如图 3-150。

图 3-150　进入评审数据页面

➢ 在评审数据页面中,填写各考评类别所覆盖的部门、车间、接触的人数、抽查设备设施的数量以及查阅资料的数量等信息,填写完成后,点击 保存,如图 3-151。

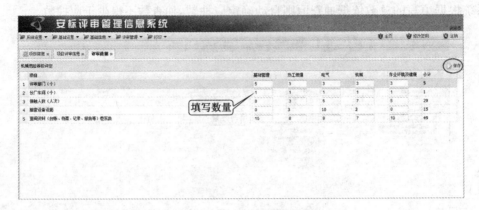

图 3-151　评审数据填写

3.2.5.9　评审得分表

评审过程中,可随时点击"评审得分表"以便查看各要素得分情况。

3.2.5.10　评审扣分信息

评审过程中,可随时点击"评审扣分信息",查看所有扣分项目及相应的扣分说明。

3.2.6　报告审核

进入报告审核页面后,点击左侧目录,对右侧页面显示的预览内容进行审核,对评审报告内容确认后,点击"审核批准",完成对评审报告的审核,如图 3-152。

图 3-152　评审报告审核批准

3.2.7　报告打印

在项目信息页面,通过左侧树菜单选择受评审单位,点击页面右侧受评审单位,再点击"打印"按钮,即可进入评审报告打印页面。

评审报告打印页面可以对报告内容进行预览,确认无误后选择打印内容,点击打印所选,系统会自动选择电脑中默认打印机进行打印。

3.3 小企业安全生产标准化评定标准

3.3.1 用户登录

评审机构或集团企业通过安标网网页"评审机构入口"进入评审子系统。进入子系统后显示评审主页面,即项目信息页面。

3.3.2 项目信息

➢ 进入评审管理系统后出现如图 3-153 所示的管理页面,通过新增按钮填写受评审企业的信息,点击 🗎新增,在新增页面上填写相关信息,如图 3-154。带"*"栏目为必须填写,未填写则不能保存。

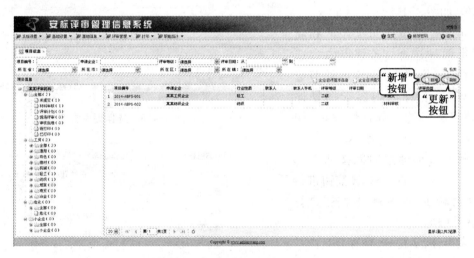

图 3-153 评审机构管理系统

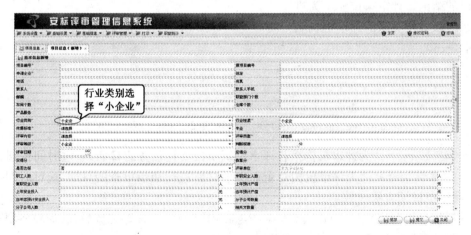

图 3-154 评审项目(新增)

➤ 行业类别选择"小企业",如图 3-154。行业性质通过下拉按钮选择"小企业",如图 3-155。

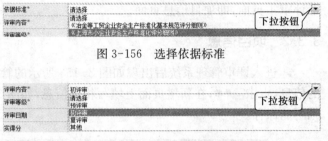

图 3-155 选择行业性质

➤ 依据标准通过下拉按钮选择"《上海市小企业安全生产标准化评分细则》",如图 3-156。

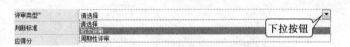

图 3-156 选择依据标准

➤ 评审内容包括预评审、初评审、复评审、其他四种选择。若受评审企业为初次参加安全生产标准化达标评审,则选择初评审;若受评审企业为周期性复评审,则选择复评审;若受评审企业尚未进行正式评审,可选择预评审或其他,如图 3-157。

图 3-157 选择评审内容

➤ 评审类型包括初次评审和周期性评审两种选择。若评审内容选择为初评审、预评审,则评审类型选择初次评审;若评审内容选择复评审,则评审类型选择周期性评审,如图 3-158。

图 3-158 选择评审类型

➤ 评审日期通过时间按钮 选择,如图 3-159。通过 ◀◀,◀ 按钮进行逐年、逐月减少,通过 ▶▶,▶ 按钮进行逐年、逐月增加。

➤ 应得分、实得分、换算分是由系统通过评审自动得出的分值,无需填写。是否达标则是由系统通过评审得分而得出的结论。评审单位显示为进入评审系统账号所关联的评审机构名称,如图 3-160。

图 3-159 选择评审日期

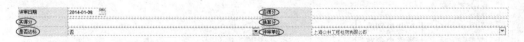

图 3-160 应得分、实得分、换算分、是否达标、评审单位填写

➤ 委托日期 2013-12-18 为评审机构接收评审组织单位委托任务的日期,通过时间按钮选择日期。审查报告日期 2014-01-02 为评审机构对企业申请材料进行初步审查的日期,通过时间按钮选择日期,同评审日期方法一致。

➤ 项目信息填写完整后,点击 保存, 提交,如图 3-161。保存完成后,若需对所填写的信息进行更改,通过图 3-153 所示的 更新进行。

注:点击 提交后,对项目信息的更改只能通过评审组长的账号才能进行。

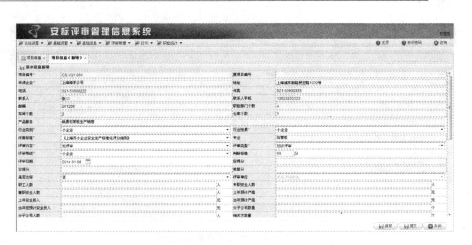

图 3-161　项目信息保存、提交

3.3.3　审查材料评审

➢ 项目信息提交后进入审查材料评审页面,如图 3-162 所示。点击 <kbd>导入审查材料模板</kbd>,弹出如图3-163所示页面,默认小企业评审模板,点击 <kbd>☑OK</kbd> 以保存审查材料信息。

图 3-162　审查材料评审

➢ 在导入模板后的审查材料页面上(图 3-164)通过鼠标选择左边需要提交的材料名称,图中选定横条出现在"小企业安全生产标准化外部评审申请表"上,则需提交评审申请表。点击右上角 <kbd>上传</kbd> 按钮,弹出文件上传窗口,如图 3-165(a)所示,点击浏览进入本地计算机,图 3-165(b),点击打开,进入图 3-165(c),点击上传。上传成功后,会显示"已提交"以及上传人的信息,如图 3-166。

按照上述步骤分别将图 3-164 中所需的 10 种材料上传。

图 3-163　审查材料模板

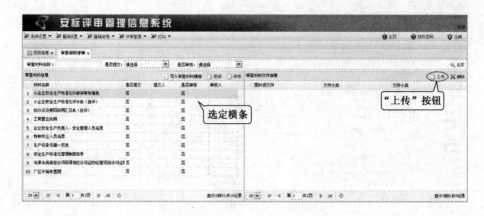

图 3-164　导入审查材料模板

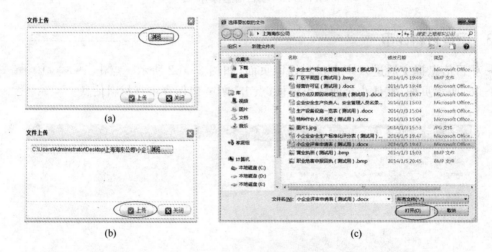

图 3-165　上传审查材料

图 3-166　上传审查材料成功

➤ 若对上传信息进行更新,点击 ⬚ 更新弹出审查材料(更新)页面,可对页面中审查材料名称、提交人、提交时间进行更新,如图 3-167。

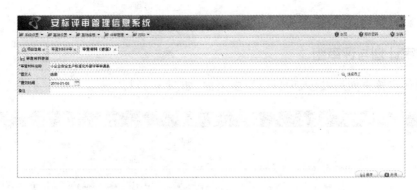

图 3-167　审查材料（更新）

图 3-168 为全部上传成功后显示的页面，在"是否提交"一栏均显示"是"，在"提交人"一栏会显示资料提交的人员姓名。

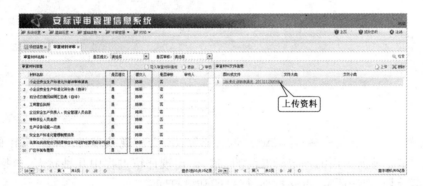

图 3-168　全部材料上传成功

➤ 提交完成后，由审核人对提交的资料进行审核，审核人通过点击图 3-168 右侧上传的资料进行核对。

➤ 点击审核弹出确定信息框，点击确定，如图 3-169。

图 3-170 为审核人对全部上传的资料进行审核确认后的页面，在"是否审核"一栏均显示"是"，在"审核人"一栏会显示资料审核的人员姓名。

图 3-169　审查材料审核确定框

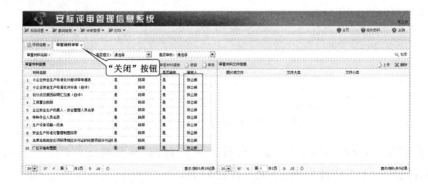

图 3-170　审查材料审核完成

审查材料审核完成后,点击关闭按钮 ,退出材料审核页面。

3.3.4 评审计划与评审组

退出材料审核页面后,进入项目信息主页面,如图3-171。

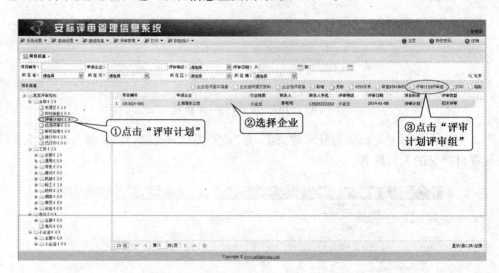

图3-171 评审计划评审组

➤ 在右侧项目信息树中 小企业(上),点击展开,会出现基本规范和各省市的小企业标准,点击受评审企业所采用的评定标准前的展开,出现评审过程中几种状态,包括未提交、材料审核、评审计划、现场评审、审核批准、待打印和已打印。

➤ 点击 《上海市小企业安全生产标准化评分》,展开后点击 评审计划,在右侧项目信息栏中选择受评审企业,点击 评审计划评审组,进入评审计划和评审组信息页面,如图3-172。

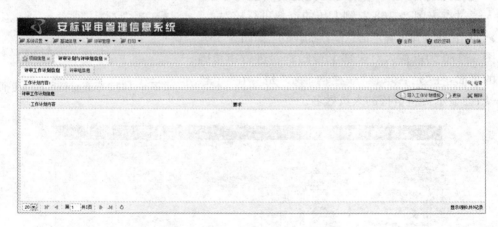

图3-172 评审计划与评审组信息

➤ 点击 导入工作计划模板,弹出"评审工作计划模板目标"网页对话框(图3-173),选择评审工作计划表,包括一天工作计划表、半天工作计划表。

➤ 点击 OK 保存,录入完整的工作计划,如图3-174。

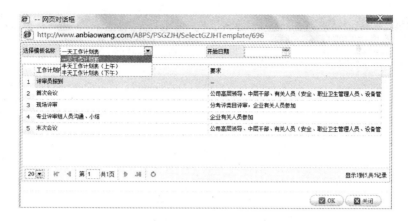

图 3-173　评审工作计划模板网页对话框

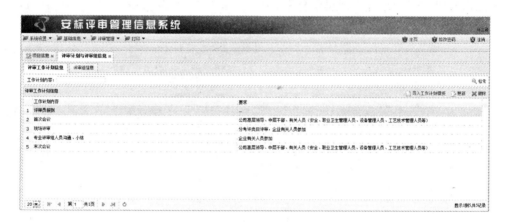

图 3-174　评审工作计划模板导入

➢ 评审工作计划完成后,点击 评审组信息 ,进入"评审组信息"页面,如图 3-175。

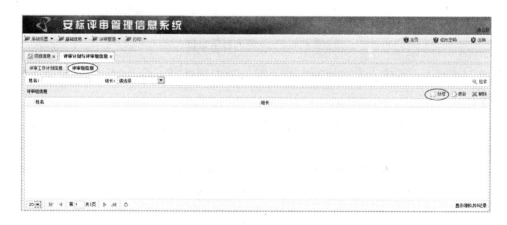

图 3-175　评审组信息

➢ 点击 新增 ,进入"评审组信息(新增)"页面,如图 3-176。

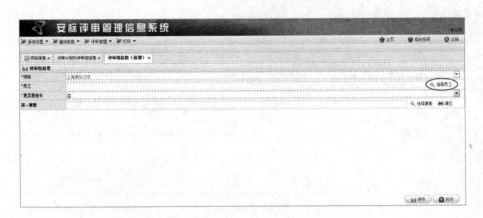

图 3-176　新增评审组信息

➢ 点击 选择员工 弹出评审人员信息框，选择评审人员，点击 OK 保存，如图 3-177。

图 3-177　评审人员信息框

➢ 在 *是否是组长 一栏中点击右侧的 ，在下拉选项中选择"是"或者"否"以确定评审组长，如图3-178。

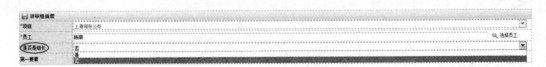

图 3-178　评审组长选择

➢ 在 第一要素 一栏中选择评审人员在评审过程中承担的评审一级要素，点击 选择要素，在第一要素信息页面，点击要素名称，确认后点击 OK 保存，如图 3-179。

图 3-179　评审要素选择

➢ 在填写完整的评审组信息（新增）页面上点击 保存，如图 3-180。

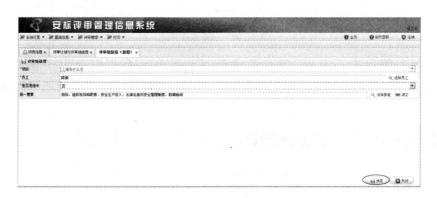

图 3-180　填写完整的评审组信息（新增）

➢ 通过上述步骤，完成评审组成员的安排，如图 3-181。评审计划与评审组信息完成后，点击关闭按钮，退出页面。

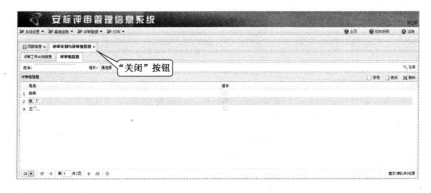

图 3-181　填写完整的评审组信息

169

3.3.5 现场评审

3.3.5.1 要素评审

退出评审计划评审组页面后,进入项目信息主页面,如图3-182。

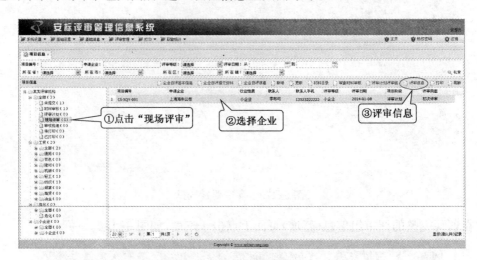

图3-182 现场评审

➢ 在页面左侧点击小企业,展开后选择"《上海市小企业安全生产标准化》",点击 现场评审,在右侧项目信息栏中选择受评审企业,点击 评审信息,进入"项目评审信息"页面,如图3-183。

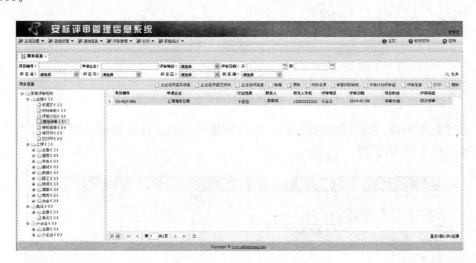

图3-183 项目评审信息

➢ "项目评审信息"页面中包含评审标准中所涉及的所有条款,可以通过点击进行逐级展开,未进行评审的条款默认为黑色(确定后为灰色)。

项目评审结论包括符合、不符合和空项三种。

(1)符合条款,点击"符合",并点击 保存。保存成功后会在评审描述内自动形成"符合"结论,同时在页面右下角显示"数据保存成功"提示,如图3-184。

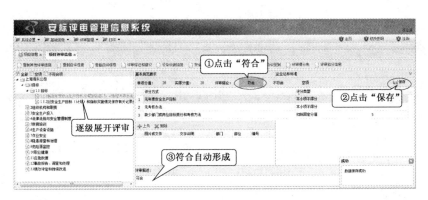

图 3-184　条款评审得分（a）

（2）对于不符合的条款，点击"不符合"，选择不符合条款，并在"评审描述"内填写不符合的内容，点击"保存"，如图 3-185。

注：每一条款点击保存后都会出现如（1）所描述的保存成功提示，如果未能出现该提示，请及时检查网络情况。

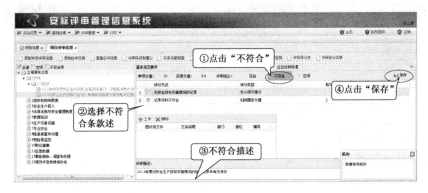

图 3-185　条款评审得分（b）

（3）对于多项不符合的条款，点击不符合，选择不符合条款，在"评审描述"内填写不符合的内容，并根据不符合项目的数量点击 ➕新增行（系统默认一个不符合点），在新增行内描述不符合点的主要信息，完成后点击 💾 保存。同时可以通过 ✖ 删除 对已填写不符合要点删除。如图3-186。

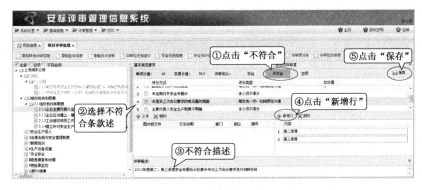

图 3-186　条款评审得分（c）

注：在评审过程中，可以点击"贴心按钮"显示企业达标标准具体信息，以便查看，如图

171

3-187。

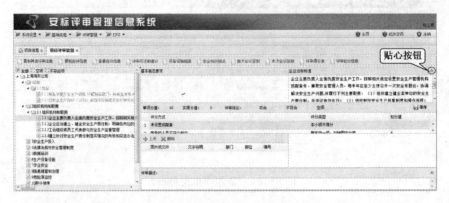

图 3-187 基本规范要求及企业达标标准查看

（4）对于空项的条款，点击"空项"，并点击 🔲 保存。保存成功后会在评审描述内自动形成"空项"结论，如图 3-188。

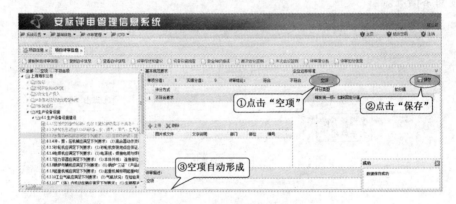

图 3-188 条款评审得分(d)

注：若评审过程中发现不符合评定标准的内容，可通过上传图片的形式以便后续的整改对比。同时通过页面上 ✗ 删除 按钮对已上传的图片进行删除。

① 点击图 3-189 中 ➕ 上传，弹出上传文件窗口。

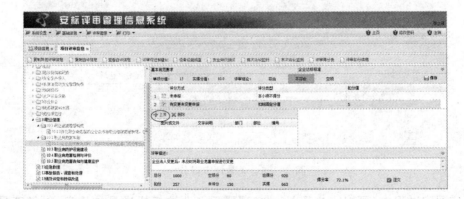

图 3-189 不符合项图片上传(a)

②点击 浏览...... ，如图 3-190。

图 3-190 不符合项图片上传(b)

③ 选择本地文件(不符合问题图片)，如图 3-191。

图 3-191 不符合项图片上传(c)

④ 在图 3-190 页面"文字说明"中填写相关问题，以及完成部门、部位、编号、拍照人等信息，完成后点击"上传"，如图 3-192。

3.3.5.2 评审得分表

➤ 点击"评审得分表"弹出自评得分表页面，页面中包括各个一级要素、二级要素的得分、扣分、空项，如图 3-193。

图 3-192　不符合项图片上传(d)

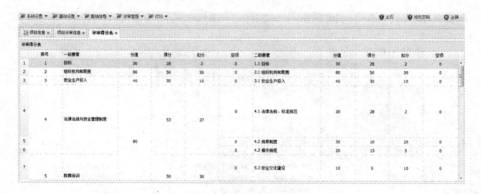

图 3-193　评审得分表

3.3.5.3　评审扣分信息

➢ 点击"评审扣分信息"弹出自评扣分信息表页面,页面中包括在自评过程所有扣分的信息以及标准规范要求,如图 3-194。

图 3-194　评审扣分信息

➢ 评审完成后,点击"贴心按钮"便会在底端弹出评审得分情况,包括总分、空项分、应得分、扣分、未评分、实得分、得分率,如图 3-195。

注:评审过程中也可通过"贴心按钮"随时查看评审得分情况。

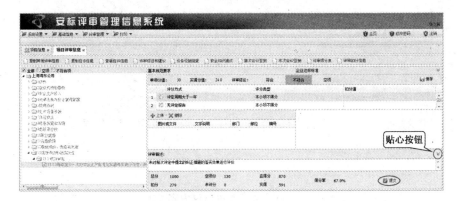

图 3-195　评审得分情况

3.3.5.4　评审综述和建议

➢ 点击"评审综述和建议"(也可在评审过程中进行填写),如图 3-196。

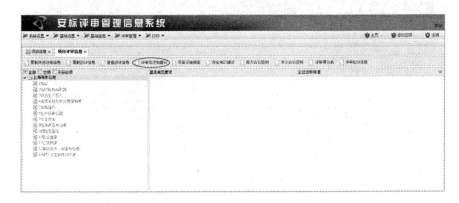

图 3-196　进入评审综述和建议页面

➢ 在"评审综述和持续修改意见信息"界面,勾选建议内容,即在右侧"项目持续改进建议信息"内显示,如图 3-197。

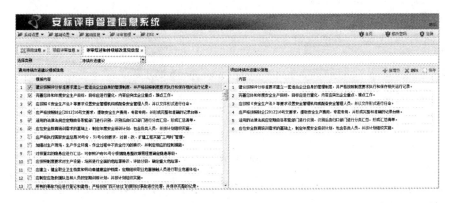

图 3-197　持续改进建议条款选择

➢ 双击建议内容，可对其进行编辑，如图 3-198。

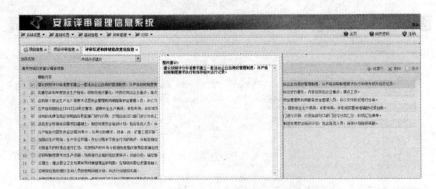

图 3-198　持续改进建议内容编辑

➢ 若"评审综述和持续修改意见信息"模板中没有合适的建议内容，可点击右上角"新增行"按钮，并双击该新增的行，如图 3-199。

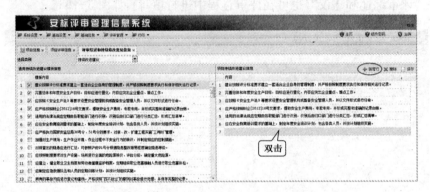

图 3-199　新增持续改进建议

➢ 在跳出的对话框中填写建议内容，点击"确定"，如图 3-200。

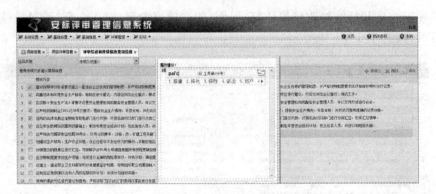

图 3-200　编写新增持续改进建议

➢ 逐条勾选、新增和编辑，完成以后关闭"评审综述和持续修改意见信息"界面。

3.3.5.5　设备设施抽查

➢ 点击"设备设施抽查"按钮，如图 3-201。

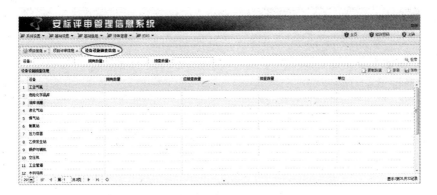

图 3-201　进入设备设施抽查页面

➤ 在打开的界面中点击 💷 更新，或双击设备设施对应的拥有数量，如图 3-202。

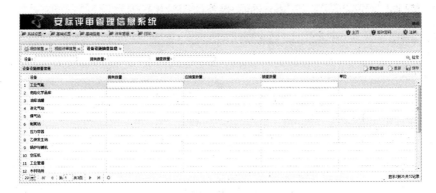

图 3-202　设备设施更新

➤ 在"拥有数量"下方显示的空格中填写数量（如工业气瓶数量为"5"），系统自动根据抽查规则计算并在"应抽查数量"下方显示应抽查数量，设备设施的"抽查数量"不应小于"应抽查数量"，通过下方翻页按钮可以进行翻页，如图 3-203。

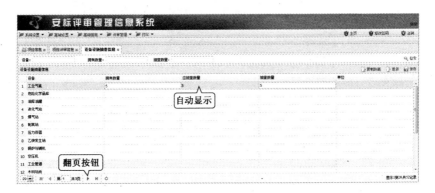

图 3-203　设备设施拥有/抽查数量

3.3.5.6　首末次会议签到

➤ 点击"首次会议签到"，如图 3-204。

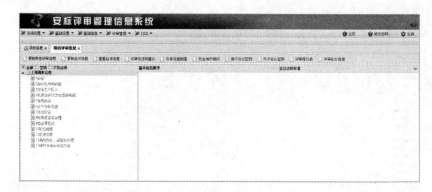

图 3-204　首次会议签到

> 点击"复制会议内容",如图 3-205。

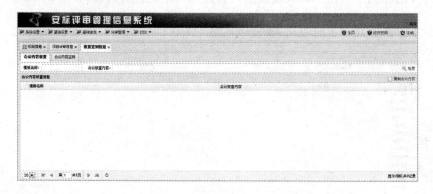

图 3-205　复制首次会议内容

> 在弹出的对话框中选择"首次会议核查表",点击"OK"按钮,即完成会议内容核查信息的复制,如图 3-206,图 3-207。

图 3-206　首次会议核查信息内容

图 3-207　导入完成首次会议内容

按照上述步骤,完成"末次会议签到"的复制。

3.3.5.7　提交评审

➤ 点击图 3-195 中 ✅ 提交(仅有评审组长可以提交),完成对所有条款的现场确认。评审过程中对已评审过的条款可以通过点击各个要素条款进行查看确认。

➤ 项目评审信息完成后,点击关闭按钮 ✖ ,退出页面。

3.3.6　审核批准

➤ 退出现场评审页面后,进入项目信息主页面,选择审核批准,如图 3-208。在左侧项目信息中点击小企业,展开后选择上海市小企业安全生产标准化,点击 📄 审核批准 ,在右侧项目信息栏中选择受评审企业,点击 📄 审核批准 ,进入审核批准页面。

图 3-208　审核批准选取页面

➤ 审核批准页面左侧显示评审报告目录,点击后在页面右侧会显示对应的预览窗口,通过对预览窗口进行查看,如图 3-209。确认后点击审核批准,会弹出图 3-210(a)的确认窗口,点击"确认",显示审核批准成功,如图 3-210(b)。

179

注:对评审的审核批准只有经过授权后才具有权限。

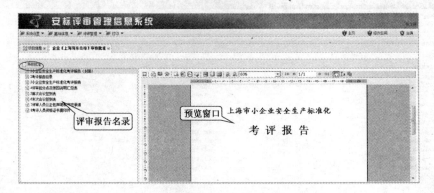

图 3-209　审核批准页面

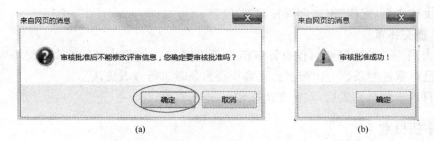

图 3-210　审核批准确认窗口

➢ 审核批准完成后,点击关闭按钮 ✖,退出页面。

3.3.7　待打印

➢ 退出"审核批准"页面后,进入"项目信息"主页面,选择待打印,如图 3-211。在左侧"项目信息中"点击"小企业",展开后选择"上海市小企业安全生产标准化",点击 待打印,在右侧项目信息栏中选择受评审企业,点击 打印,进入打印页面。

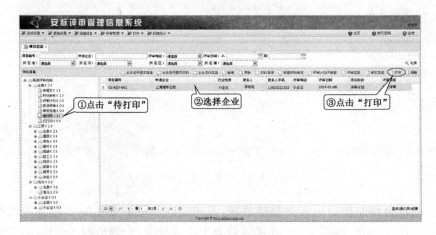

图 3-211　待打印选取页面

➤ 在图 3-212 打印页面中通过点击左侧评审报告目录前的□进行勾选，选择打印内容。也可通过□全选，□反选按钮选择打印内容。

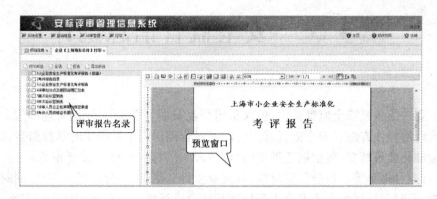

图 3-212　打印考评报告

➤ 确认后点击□打印所选，弹出图 3-213 打印确认窗口，点击确定即可进行自动打印。
注：评审系统所选择的打印机为电脑默认打印机。

图 3-213　打印确认窗口

打印完成后，整个评审过程结束，在项目信息页面上显示已打印，如图 3-214。

图 3-214　已打印显示窗口

第 4 章　安全监管信息统计

本章主要介绍各级安全监管部门(包含集团企业安全主管部门)使用管理部门子系统进行数据信息统计的操作方法。安全监管部门可以通过管理部门子系统实时掌控监督辖区内企业安全生产标准化建设情况,包括创建进度(自评阶段、评审阶段、已完成评审等)、达标情况(总体合格率、行业合格率等)、得分信息分析(各级要素得分率、得分分布排名等)。同时依据实时的数据分析,及时对辖区内企业安全生产标准化建设进行统筹规划和调整实施方案。

4.1　用户登录

各级安全监管部门或集团企业通过安标网网页"管理部门入口"进入管理子系统。在系统登录页面上,用户需要录入用户名和密码,如图4-1。

4.2　管理页面

首页顶部显示当前用户的菜单,如图4-2。

菜单内容包括:
➤ 项目信息

图 4-1　管理信息系统登录页面

图 4-2　管理信息平台页面菜单

➤ 进度统计
➤ 总体合格率统计
➤ 分项合格率统计
➤ 得分率统计
➤ 评分统计
➤ 修改密码

菜单下方是整个平台的主显示区域,默认显示项目信息,用户可以点击相应的菜单内容,切换主页面的显示内容,如图4-3。

当同时打开多个页面时,可通过点击页面标签项目信息来进行页面之间的切换,点击关闭当前页面。

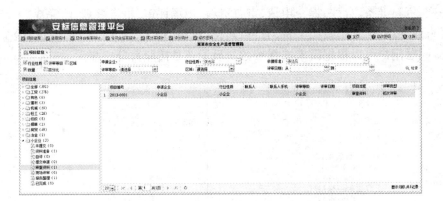

图 4-3　管理信息平台主页面

4.2.1　项目信息

显示了本管理部门所管辖的所有项目信息,用户可以在这里查看项目的各种信息。项目信息同时也是本系统的首页,如图 4-4。

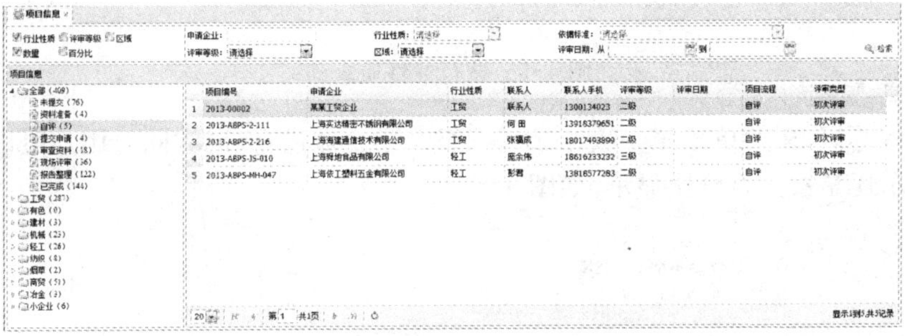

图 4-4　管理系统项目信息

项目信息页面分为三部分,上半部分为查询区域,下左半部分为树菜单,下右半部分为查询结果显示区域。

➢ ☑行业性质 ☐评审等级 ☐区域　用户可以通过勾选行业性质、评审等级、区域调整树菜单的显示,分别显示行业、等级、区域。

➢ ☐数量 ☑百分比　用户可以通过勾选数量、百分比调整树菜单的显示,分别显示数量或所占百分比。

➢ 🔍检索　用户可以通过申请企业、行业性质、依据标准、评审等级、区域、评审日期进行查询,点击"检索"按钮进行查询。

➢ 20▾　控制列表中的显示列数。

➢ ◀◀ ◀ 第1　共1页 ▶ ▶▶　翻页选择,点击◀显示前一页,点击▶显示后一页,点击◀◀显示最前页,点击▶▶显示最后页,也可以在第1　共1页输入框中输入具体的页码。

➢ ↻　"刷新"按钮,刷新列表数据。

用户可以通过树菜单减小查询范围,本系统树菜单共分为二级,第一级为具体分类,用户可以通过选择行业性质、评审等级、区域进行树菜单的分类切换;第二级为评审状态,评审状态分为未提交、资料准备、自评、提交申请、审查资料、现场评审、报告整理、已完成。

选择行业性质,树菜单按照工贸、有色、建材、机械、轻工、纺织、烟草、商贸、冶金及小企业进行分类,同时用户可以根据需求选择按数量显示还是按照百分比显示,如图4-5。

图4-5 按行业性质查询

选择评审等级,树菜单按照一级、二级、三级及小企业进行分类,同时用户可以根据需求选择按数量显示还是按照百分比显示,如图4-6。

图4-6 按评审等级查询

选择区域,树菜单按照用户登录的权限所管辖的区域范围进行分类。例如市一级单位权限登录,按照区县进行分类。同时用户可以根据需求选择按数量显示或按照百分比显示,如图4-7。

图 4-7　按区域查询

4.2.2　进度统计

用户可以通过评审日期区间、不同的统计方式（区域、评审机构、评审等级）进行查看评审工作进度。系统提供了列表、饼图、柱状图多种形式，如图 4-8 和图 4-9。

图 4-8　进度统计（饼图）

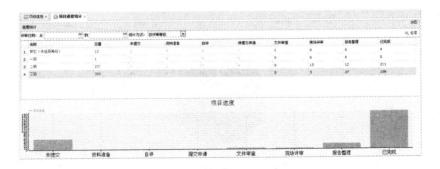

图 4-9　进度统计（柱状图）

进度统计页面分为三部分,上半部分为统计查询区域,中间部分为统计信息显示列表区域,下半部分为图形显示区域。

➤ **柱状图** 点击"柱状图",在柱状图与饼图之间进行切换。

➤ **🔍 检索** 用户可以通过评审日期、统计方式进行统计查询,点击"检索"按钮进行统计。

示例:某管理部门想了解 2013 年 12 月所管辖范围内项目完成的进度,以评审等级进行统计。

操作方法:

第一步,选择评审日期,从 2013-12-01 到 2013-12-31 。

第二步,选择统计方式为 统计方式:按评审等级 。

第三步,点击 🔍 检索 。

第四步,查看统计结果。

2013 年 12 月共进行了 30 家企业的评审工作,其中二级创建企业 10 家,三级创建企业 20 家。10 家二级创建企业中完成了 9 家,1 家目前还处在现场评审阶段。20 家三级创建企业中完成了 14 家,1 家目前还处在现场评审阶段,5 家目前处在报告整理阶段,如图 4-10。

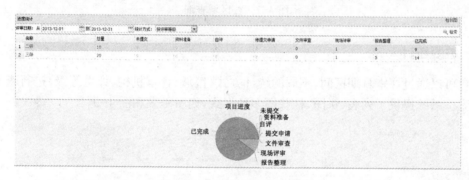

图 4-10 进度统计结果

4.2.3 总体合格率统计

显示所有项目的合格率统计。用户可以通过选择评审等级、行业性质、区域来进行分类合格率统计,如图 4-11,图 4-12。

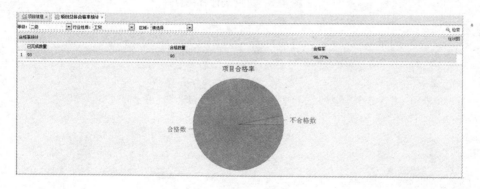

图 4-11 总体合格率统计(饼图)

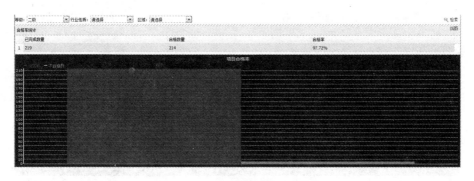

图 4-12　总体合格率统计（柱状图）

　　总体合格率统计页面分为三部分，上半部分为统计查询区域，中间部分为统计信息显示列表区域，下半部分为图形显示区域。

➢ 🔍检索　用户可以通过等级、行业性质、区域进行统计查询，点击"检索"按钮进行统计。

➢ 柱状图　点击"柱状图"，在柱状图与饼图之间进行切换。

示例：某管理部门想了解二级创建企业中商贸行业的总体合格率。

操作方法

第一步，选择等级为 二级 ▾。

第二步，选择行业性质为 商贸 ▾。

第三步，点击 🔍 检索 。

第四步，查看统计结果。

二级创建企业中商贸行业共完成了 57 家，57 家全部合格，合格率 100%，如图 4-13。

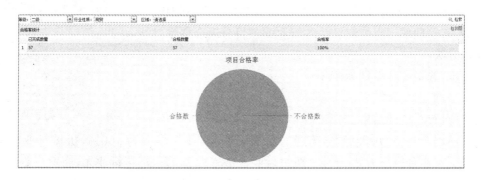

图 4-13　总体合格率统计结果

4.2.4　分项合格率统计

　　显示所有项目的分项合格率统计。用户可以通过选择统计类别（评审等级、行业性质、区域）、评审单位、具体的等级、行业性质、区域来进行分项合格率统计，如图 4-14，图 4-15。

　　分项合格率统计页面分为三部分，上半部分为统计查询区域，中间部分为统计信息显示列表区域，下半部分为图形显示区域。

➢ 🔍检索　用户可以通过等级、行业性质、区域、评审单位进行统计查询，点击"检索"按钮进行统计。

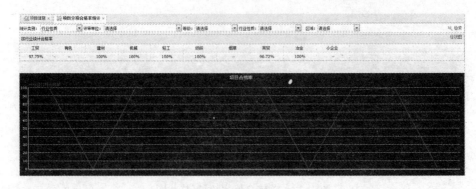

图 4-14　分项合格率统计（曲线图）

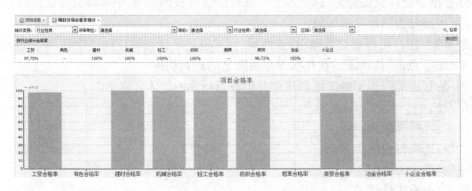

图 4-15　分项合格率统计（柱状图）

➢ 柱状图　点击"柱状图"，在柱状图与饼图之间进行切换。

示例：某管理部门想了解目前各行业的项目分项合格率。

操作方法：

第一步，选择统计类别为 行业性质 。

第二步，点击 检索 。

第三步，查看统计结果。

工贸通用合格率为 98.81%，有色行业无，建材行业合格率为 100%，机械行业合格率为 100%，轻工行业合格率为 96.43%，纺织行业合格率为 100%，烟草行业无，商贸行业合格率为 100%，冶金行业合格率为 100%，小企业合格率为 100%，如图 4-16。

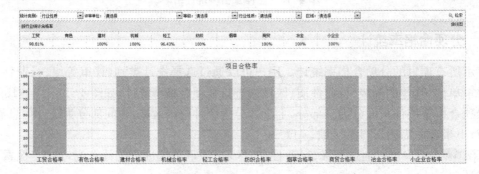

图 4-16　分项合格率统计结果

4.2.5 得分率统计

显示所有项目各评分要素的空项率、相对得分率、相对失分率。用户可以通过等级、行业性质、要素、区域、排序依据等条件进行统计，如图 4-17，图 4-18。

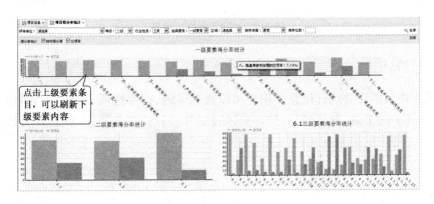

图 4-17 得分率统计（列表）

图 4-18 得分率统计（柱状图）

分项合格率统计页面分为二部分，上半部分为统计查询区域，下半部分为统计信息显示区域。

➤ 🔍检索 用户可以通过评审单位、等级、行业性质、选择要素、区域、排序依据进行统计查询，点击"检索"按钮进行统计。

➤ 柱状图 点击"柱状图"，在柱状图与列表之间进行切换。柱状图可以继续点击统计条目查看下一级要素的统计数据。

➤ 20 控制列表中的显示列数。

➤ 翻页选择，点击◀显示前一页，点击▶显示后一页，点击⏮显示最前页，点击⏭显示最后页，也可以在第1 共1页输入框中输入具体的页码。

➤ ⟳ "刷新"按钮，刷新列表数据。

示例：某管理部门想了解目前商贸行业二级创建企业中，具体哪些三级要素相对失分率最高，这将作为重点项目进行监管。

第一步，选择等级为二级 ▾。

第二步，选择行业性质为商贸 ▾。

第三步，选择要素为三级要素 ▾。

第四步,排序依据选择 相对失分率 ▼。

第五步,排序位数输入 10。

第六步,点击 🔍 检索。

第七步,查看统计结果。

排在前 10 位的条款编号分别为 9.3.2,10.3.2,10.2.3,7.3.2,8.4.1,10.2.1,6.1.15,6.2.11,10.1.6,10.1.9,如图 4-19。

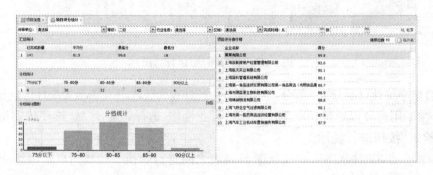

图 4-19　得分率统计结果

4.2.6　评分统计

显示所有项目的评分统计信息。用户可以通过等级、行业性质、区域、完成时间等进行统计,查看项目评分的汇总、分档统计(按评分区间划分)、分档统计图形、项目评分排行榜,如图 4-20。

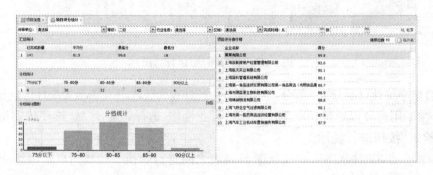

图 4-20　评分统计

评分统计页面分为三部分,上半部分为统计查询区域,下左半部分为评分汇总、分档统计、分档统计图形显示区域,下右半部分为项目评分排行榜。

➢ 🔍 检索　用户可以通过评审单位、等级、行业性质、区域、完成时间进行统计查询,点击"检索"按钮进行统计。

➢ 饼图　点击"饼图",在饼图与柱状图之间进行切换。

➢ 排序位数 10　输入排序位数,控制列表中显示的数据行数,默认为 10。

➢ 后10名　点击"后 10 名",在后 10 名与前 10 名之间切换,同时刷新列表数据,显示后 10 名或前 10 名。

示例:某管理部门想了解 2013 年 11 月轻工行业三级创建企业的评分统计汇总信息。

第一步,选择等级为 三级 。

第二步,选择行业性质为 轻工 。

第三步,选择完成时间为从 2013-11-01 到 2013-11-30 。

第四步,点击 检索。

第五步,查看统计结果。

2013 年 11 月轻工行业三级创建企业共完成 8 家,平均分为 70.1,最高分为 74.7,最低分为 61。其中 60～65 分区间有 1 家,65～70 分区间有 1 家,70～75 分区间有 6 家,如图 4-21。

图 4-21 评分统计结果

4.2.7 修改密码

修改密码是用户在登录后,可以修改原登录用户的密码,如图 4-22。

图 4-22 修改密码

查询姓名及用户名,输入旧密码及两次相同的新密码,点击保存进行密码的修改。